Tentu Nageswara Rao
Botsa Parvatamma
Tentu Srinivasa Rao

Formulação e avaliação de comprimidos orais de atorvastatina cálcica

Tentu Nageswara Rao
Botsa Parvatamma
Tentu Srinivasa Rao

Formulação e avaliação de comprimidos orais de atorvastatina cálcica

Formulação, desenvolvimento e avaliação de comprimidos orais de libertação imediata de atorvastatina cálcica

ScienciaScripts

Imprint
Any brand names and product names mentioned in this book are subject to trademark, brand or patent protection and are trademarks or registered trademarks of their respective holders. The use of brand names, product names, common names, trade names, product descriptions etc. even without a particular marking in this work is in no way to be construed to mean that such names may be regarded as unrestricted in respect of trademark and brand protection legislation and could thus be used by anyone.

Cover image: www.ingimage.com

This book is a translation from the original published under ISBN 978-3-659-81759-5.

Publisher:
Sciencia Scripts
is a trademark of
Dodo Books Indian Ocean Ltd. and OmniScriptum S.R.L publishing group

120 High Road, East Finchley, London, N2 9ED, United Kingdom
Str. Armeneasca 28/1, office 1, Chisinau MD-2012, Republic of Moldova, Europe
Printed at: see last page
ISBN: 978-620-8-14074-8

ÍNDICE DE CONTEÚDOS

1. INTRODUÇÃO

A administração oral de medicamentos é o método mais desejável e preferido de administração de agentes terapêuticos para os seus efeitos sistémicos. Além disso, a medicação oral é geralmente considerada como a primeira via investigada na descoberta e desenvolvimento de novas entidades medicamentosas e formulações farmacêuticas, principalmente devido à aceitação dos doentes, à conveniência da administração e ao processo de fabrico rentável. Para muitas substâncias medicamentosas, as formulações convencionais de libertação imediata proporcionam uma terapia clinicamente eficaz, mantendo o equilíbrio necessário dos perfis farmacocinético e farmacodinâmico com um nível aceitável de segurança para o doente.

Desde tempos imemoriais, a administração oral de medicamentos tem sido uma das vias de administração mais convenientes e amplamente aceites para a maioria dos agentes terapêuticos. Tradicionalmente, as formas de dosagem orais referem-se a comprimidos, cápsulas e preparações líquidas tomadas por via oral, engolidas e que transitam pelo trato gastrointestinal (TGI) para absorção pós-bucal. No entanto, algumas propriedades fisiológicas indesejáveis do trato gastrointestinal (GI) limitam a viabilidade da administração de algumas moléculas por esta via (ou seja, proteínas, polipéptidos, etc.). A absorção relativamente fraca, a presença de enzimas digestivas abundantes no lúmen e no epitélio GI, o efluxo pós-absorção (isto é, pela glicoproteína-P, etc.) e o metabolismo de primeira passagem pelas enzimas hepáticas e subsequente eliminação limitam a capacidade de muitos fármacos atingirem níveis terapêuticos por esta via. Nas últimas décadas, os investigadores têm vindo a desenvolver sistemas de administração intra-oral (IDS) que podem produzir uma exposição desejável do fármaco para um efeito terapêutico ótimo. Consequentemente, como é evidente pela abundância de literatura científica e de patentes nos últimos vinte anos, foram ou estão a ser desenvolvidas formas de dosagem oral não tradicionais (por exemplo, bucal, sublingual, etc.) com ênfase na absorção pré-gástrica pelos vários tecidos da cavidade oral, com a intenção de evitar o metabolismo de primeira passagem e da parede intestinal, para aumentar a biodisponibilidade ou melhorar a conveniência da dosagem. Os locais-alvo para a administração local de medicamentos na cavidade oral incluem os seguintes: bucal, sublingual, periodontal, bolsa periodontal, peribucal, perilingual, língua (ou seja, lingual) e gengiva (ou seja, gengival). Outros locais pós-orais adjacentes onde pode ser desejável o direcionamento de fármacos incluem a faringe, a laringe, os adenóides e as amígdalas. No entanto, existem também várias desvantagens na administração intra-oral de medicamentos quando o objetivo é a absorção local pela via da mucosa oral. A área de superfície relativamente pequena, em comparação com a pele, e o TGI e a perda significativa da dose aplicada devido à deglutição.

Os sistemas de administração oral de medicamentos (DDS) podem ser classificados em quatro categorias:

I. Preparações convencionais,

2 .Preparações de libertação imediata,

3. Preparações de libertação modificada

I. Libertação controlada

II. Libertação sustentada

III. Libertação prolongada

IV. Libertação prolongada

V. Libertação pulsátil

4. Preparações de libertação orientada.

COMPRIMIDOS DE LIBERTAÇÃO IMEDIATA:

Estas preparações destinam-se a conseguir um início de ação mais rápido após a administração de muitos medicamentos, como antipiréticos, antivirais, antibacterianos, vasodilatadores coronários, etc. Outras vantagens incluem o aumento da biodisponibilidade oral através da administração transmucosa e da absorção pré-gástrica, a conveniência da administração de medicamentos a doentes disfágicos, especialmente os idosos e os acamados, e novas oportunidades de negócio. As formulações convencionais de IR incluem comprimidos e grânulos de desintegração rápida que utilizam misturas efervescentes, como carbonato de sódio (ou bicarbonato de sódio) e ácido cítrico (ou ácido tartárico), e superdesintegrantes, como glicolato de amido sódico, croscarmelose sódica e crospovidona.

FORMAS DE DOSAGEM DE LIBERTAÇÃO MODIFICADA

A forma de dosagem de libertação modificada é um termo geral utilizado para descrever as formas de dosagem com caraterísticas de libertação de fármaco baseadas no tempo, curso e/ou localização e que são concebidas para atingir objectivos terapêuticos ou de conveniência não oferecidos pelas formas convencionais ou de libertação imediata. Existem vários termos que são utilizados indistintamente em relação às formas de dosagem de libertação modificada, nomeadamente, libertação controlada, libertação sustentada, libertação prolongada, libertação alargada e outras formas de dosagem semelhantes. Mas o sistema de libertação controlada difere de outros sistemas que simplesmente prolongam a libertação do fármaco e, por conseguinte, os níveis plasmáticos do fármaco durante um período de tempo alargado.

Os sistemas de libertação controlada são aqueles que podem proporcionar algum controlo, quer seja de natureza temporal ou espacial, ou ambas, da libertação do fármaco no organismo. Um sistema ideal de libertação controlada tem por objetivo libertar o fármaco a uma taxa predeterminada, local ou sistemicamente, durante um período de tempo específico.

A forma de dosagem de libertação prolongada, tal como definida pela FDA, é uma forma de dosagem que permite uma redução da frequência de dosagem em relação à apresentada por uma forma de dosagem convencional, ou seja, uma forma de dosagem de libertação imediata. No caso de certos medicamentos e indicações terapêuticas, a dosagem múltipla convencional de formulações de libertação imediata proporciona um desempenho clínico satisfatório com um equilíbrio adequado entre eficácia e segurança. A razão para o desenvolvimento de uma formulação de libertação prolongada de um medicamento é aumentar os seus benefícios terapêuticos, minimizando os seus efeitos secundários e melhorando a gestão da doença.

A Fig.1 mostra o perfil de tempo de concentração plasmática de doses múltiplas convencionais e doses únicas de formulações de administração controlada e alargada.

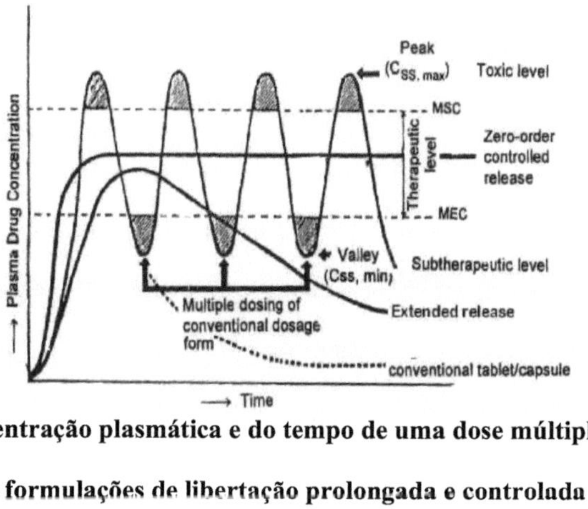

Fig. 1: Perfil da concentração plasmática e do tempo de uma dose múltipla convencional e de uma dose única de formulações de libertação prolongada e controlada TABLET

O comprimido é definido como uma preparação de dosagem sólida na qual os ingredientes activos são misturados com vários excipientes e comprimidos numa forma de dosagem compacta.

Propriedades dos comprimidos

Os atributos de um comprimido aceitável são os seguintes

- O comprimido deve ser suficientemente forte e resistente ao choque e à abrasão e suportar o manuseamento durante o fabrico, a embalagem, a expedição e a utilização. Os testes de dureza e friabilidade medem esta propriedade.
- O comprimido deve ser uniforme em termos de peso e de teor do fármaco em cada comprimido. Isto é medido pelos testes de variação de peso e de uniformidade do conteúdo.
- O fármaco contido no comprimido deve estar biodisponível. Esta propriedade é medida pelo teste de dissolução. A biodisponibilidade exacta pode ser obtida a partir dos níveis de fármaco do medicamento após a sua administração.
- Os comprimidos devem ter um aspeto elegante e devem apresentar a forma, a cor e outras marcas caraterísticas necessárias para identificar o produto.
- Os comprimidos devem manter todos estes atributos funcionais, que incluem a estabilidade e a eficácia do medicamento.

MÉTODOS DE PREPARAÇÃO DE COMPRIMIDOS:

Granulação

A granulação é conseguida através da diminuição da área de superfície do fármaco, aumentando o seu tamanho de partícula. O benefício adicional obtido é a facilidade de processamento para compressão de comprimidos, uma vez que a maioria dos fármacos tem uma baixa densidade aparente. Além disso, podem ser incorporados polímeros que servem como aglutinantes e agentes de mascaramento do sabor, que reduzem a perceção do sabor. A granulação pode ser efectuada com ou sem a utilização de um solvente. A granulação por via seca envolve a utilização de compactos/esferas que são moídos para mistura. A granulação húmida pode ser obtida através do processo de leito fluidizado ou da granulação de alto cisalhamento. No processo de leito fluidizado, o medicamento é suspenso no leito com ar e um aglutinante é pulverizado a partir do topo. Os grânulos formados são porosos e não são passíveis de processamento posterior, como o revestimento. Na granulação de alto cisalhamento, a formação de grânulos ocorre através da pulverização de um aglutinante líquido sobre o medicamento/mistura de medicamentos com excipientes que estão a ser agitados pela ação combinada de um impulsor e de um picador. Os grânulos obtidos são densos e podem ser utilizados diretamente ou revestidos num leito fluidizado. Esta abordagem é adequada para doses elevadas.

Liofilização

A liofilização, também conhecida como liofilização, é um processo no qual a água é sublimada do produto após o congelamento. Este processo pode ser utilizado de muitas formas diferentes para atingir o mesmo objetivo final. Num dos métodos de formulação por liofilização, o fármaco é fisicamente aprisionado numa matriz solúvel em água (mistura solúvel em água de sacarídeo e polímero, formulada para proporcionar uma rápida dispersão e resistência física), que é liofilizada para produzir um produto que se dissolve rapidamente quando colocado na boca. O candidato ideal para este tipo de método de fabrico seria uma molécula hemicamente estável e insolúvel em água, com um tamanho de partícula inferior a 50 *mm*. Noutro método, a liofilização de uma emulsão de óleo em água (forma galénica sólida porosa) é colocada diretamente no alvéolo do blister. Um outro método para o fabrico de ODT por liofilização envolve a formação de uma forma sólida porosa obtida por congelação de uma dispersão ou solução aquosa da matriz contendo o ativo, secando depois a matriz por remoção da água utilizando um excesso de álcool (extração por solvente). Os candidatos ideais para este tipo de método devem ser insolúveis na extração do solvente. A vantagem deste processo é que as substâncias medicamentosas que são termolábeis por natureza podem ser formuladas a uma temperatura não elevada, eliminando assim os efeitos térmicos adversos, e armazenadas num estado seco com poucos problemas de estabilidade durante o prazo de validade.

Secagem por pulverização

O medicamento é dissolvido ou disperso juntamente com um agente de volume (polímero) e, ocasionalmente, é também adicionado um agente aglutinante, se necessário, num solvente adequado. A secagem por pulverização consiste em quatro fases: atomização da alimentação num spray, contacto spray-ar (mistura e fluxo), secagem do spray (evaporação da humidade/voláteis) e separação do produto seco do ar. O solvente utilizado no processo de secagem por pulverização pode ser aquoso ou não aquoso. O produto obtido por secagem por pulverização produz grânulos ou esférulas de elevada porosidade que contêm o medicamento encapsulado. Alguns efeitos indesejáveis incluem a formação de dispersões sólidas do fármaco devido à recristalização e à degradação térmica no caso de fármacos sensíveis à temperatura.

Granulação:

Compressão direta

Um método de compressão direta utiliza equipamento convencional, excipientes normalmente disponíveis e um número limitado de etapas do processo. Este processo pode envolver a granulação antes da mistura final. A desintegração e a solubilização do comprimido de compressão direta baseiam-se na ação única ou combinada de superdesintegrantes, excipientes solúveis em água e agentes efervescentes. Em muitos casos, os desintegrantes desempenham um papel importante no processo de desintegração e dissolução da tecnologia ODT fabricada por compressão direta. A escolha de um tipo adequado e de uma quantidade óptima de desintegrantes é fundamental para garantir uma taxa de desintegração rápida. É a forma mais conveniente de fabricar comprimidos envolvidos na compressão direta. Também podem ser acomodadas doses elevadas e o peso final do comprimido pode facilmente exceder o de outros métodos de produção.

Granulação húmida

O conceito de granulação húmida é um processo bem conhecido e convencional para a formação de comprimidos, utilizado para reduzir o amargor do fármaco ativo com materiais insolúveis em água. Numa granulação húmida, o material a granular, normalmente em pó, é humedecido com uma composição aquosa de um agente de granulação para provocar a aglomeração do material em pó. Este produto aglomerado é subsequentemente seco e, em seguida, moído para um tamanho reduzido numa forma adequada.

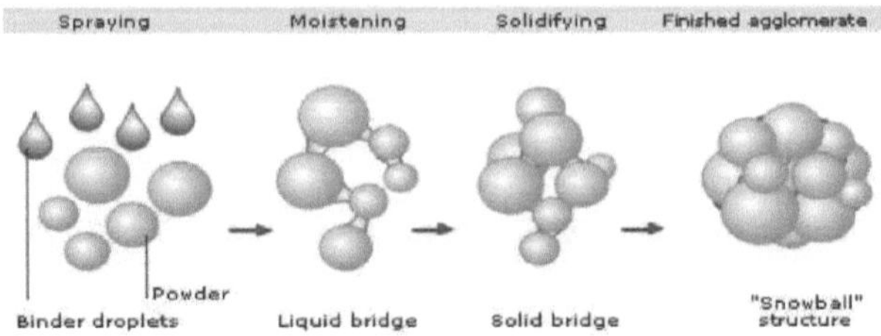

Figura 1: Princípio do processo de formação de aglomerados

A granulação húmida é frequentemente realizada utilizando um misturador de alto cisalhamento. O processo de granulação de alto cisalhamento é um processo rápido que é suscetível de humedecimento excessivo. Assim, a quantidade de líquido adicionado é crítica e a quantidade ideal é afetada pelas propriedades das matérias-primas. O consumo de energia do motor do impulsor e o binário do impulsor têm sido aplicados para monitorizar as propriedades reológicas da massa húmida durante a aglomeração e, assim, têm sido utilizados para determinar o ponto final da adição de água. No entanto, estes métodos são afectados pelas variáveis do equipamento. Por conseguinte, seria útil utilizar técnicas adicionais de monitorização do processo.

Etapas importantes envolvidas na granulação húmida

- Mistura de medicamento(s) e excipientes.
- Preparação da solução aglutinante.
- Mistura da solução aglutinante com a mistura de pós para formar uma massa húmida.
- Peneiramento grosseiro da massa húmida com um peneiro adequado (6-12 peneiras).
- Secagem de grânulos húmidos.
- Peneiramento dos grânulos secos através de um peneiro adequado (14-20 peneiras).

- Mistura de grânulos crivados com desintegrante, glidante e lubrificante.

Limitações da granulação húmida

- A maior desvantagem da granulação húmida é o seu custo. Trata-se de um processo dispendioso devido à mão de obra, tempo, equipamento, energia e espaço necessários.
- Perda de material durante as várias fases de processamento.
- A estabilidade pode ser uma grande preocupação para os medicamentos sensíveis à humidade ou termo-lábeis.
- As múltiplas etapas de processamento tornam a validação e o controlo mais complexos e difíceis.
- Uma limitação inerente à granulação húmida é que qualquer incompatibilidade entre os componentes da formulação é agravada.

A formulação dos comprimidos inclui:

Ingrediente ativo e excipientes.

Os excipientes utilizados na formulação de comprimidos são:

1. DILUENTE: É adicionado à formulação para atuar como agente de volume ou de enchimento. Os diluentes são também utilizados como desintegrantes em comprimidos dispersíveis e de desintegração oral. Tais como açúcares, lactose, manitol, sorbitol, sacarose, microcelulose cristalina (Avicel 101 e 102).

2. Aglutinantes: São utilizados para manter os pós unidos, formando grânulos para serem comprimidos, para conferir qualidades coesivas. Exemplos: polímeros, gomas naturais, amido, gelatina, polivinilpirrolidona (Povidona), alginato de sódio, carboximetilcelulose, acácia.

3. GLIDANTE: É utilizado para melhorar o fluxo de grânulos da tremonha para a cavidade da matriz para garantir um enchimento uniforme de cada comprimido. Exemplos: Sílica fina, estearato de magnésio, talco purificado e lactose.

4. **LUBRIFICANTE**: É utilizado para reduzir a fricção entre os grânulos e a parede da matriz durante a compressão e a ejeção do processo de formação de comprimidos. Exemplos: Insolúveis em água: estearatos metálicos, ácido esteárico, talco Solúveis em água: ácido bórico, cloreto de sódio, benzoato e acetato, lauril sulfato de sódio ou de magnésio Carbowax 4000 ou 6000 e estearato de magnésio, PEG 400, 600

5 .**AGENTE SUSPENSOR**: É utilizado para suspender os ingredientes no comprimido. Exemplos: derivados de celulose, metilcelulose, celulose microcristalina.

6. **ADSORVENTES**: São utilizados para melhorar a absorção do ingrediente ativo e aumentar a biodisponibilidade do medicamento. Exemplo: derivados da celulose, tensioactivos, celulose microcristalina.

7. **ANTIADERENTES**: São utilizados para minimizar o problema de "picking", ou seja, a porção da face do comprimido retirada e aderida à face do punção durante a formação do comprimido. Exemplos: Talco, amido de milho, estearatos metálicos, Aerosil, lauril sulfato de sódio.

8. **DESINTEGRANTE**: Para facilitar a desagregação de um comprimido no trato gastrointestinal. Exemplos: Amido e derivados (polyplasdone XL) Celulose microcristalina, argilas, algas, gomas, tensioactivos.

9. **SUPER DESINTEGRAÇÃO**: São utilizados para partir o comprimido assim que este chega ao trato gastrointestinal, aumentando a absorção e iniciando rapidamente a ação do composto ativo. Exemplos: polímeros reticulados, crospovidona, glicolato de amido e sódio, croscarmelose sódica.

10. COLORANTE: Para efeitos de identificação e valores visuais de marketing.

Exemplos: Pigmentos naturais Corantes sintéticos

11. AGENTES TAMPÃO: São utilizados para manter o PH do ambiente, de modo a não reduzir a atividade do medicamento. Exemplos: carbonato de cálcio, bicarbonato de cálcio, meglumina.

12. ADOÇANTES: São adicionados para produzir uma forma de dosagem palatável Sacarose, Sucralose, Sacarina, Aspartame, etc.

Adição de desintegrantes:

A adição de desintegrantes melhora a desintegração dos comprimidos e, por conseguinte, aumenta a dissolução. Em muitas tecnologias baseadas na compressão direta, os desintegrantes afectam principalmente a taxa de desintegração e, por conseguinte, a dissolução. A introdução dos chamados superdesintegrantes e uma melhor compreensão das suas propriedades aumentaram a popularidade desta tecnologia. O tempo de desintegração do comprimido pode ser optimizado através da concentração dos desintegrantes. Abaixo da concentração crítica, o tempo de desintegração do comprimido é inversamente proporcional à concentração dos desintegrantes. No entanto, acima do nível de concentração crítica, o tempo de desintegração permanece aproximadamente constante ou até aumenta. A celulose microcristalina, a carboximetilcelulose de sódio reticulada, a polivinilpirrolidona reticulada e a hidroxipropilcelulose parcialmente substituída, embora insolúveis em água, absorvem água e incham devido à ação capilar e são consideradas como desintegrantes eficazes na preparação de comprimidos dispersíveis.

Mecanismo dos Superdisintegrantes

Existem quatro mecanismos principais para a desintegração dos comprimidos, a saber

- **Inchaço**

  Talvez o mecanismo de ação geral mais amplamente aceite para a desintegração de comprimidos seja o inchaço. Os comprimidos com elevada porosidade apresentam uma desintegração deficiente devido à falta de força de dilatação adequada. Por outro lado, a força de intumescimento suficiente é exercida no comprimido com baixa porosidade. É importante notar que, se a fração de empacotamento for muito elevada, o fluido não consegue penetrar no comprimido e a desintegração é novamente mais lenta

- **Porosidade e ação capilar (Wicking)**

  A desintegração por ação capilar é sempre o primeiro passo. Quando colocamos o comprimido num meio aquoso adequado, o meio penetra no comprimido e substitui o ar adsorvido nas partículas, o que enfraquece a ligação intermolecular e quebra o comprimido em partículas finas. A absorção de água pelo comprimido depende da hidrofilicidade do fármaco/excipiente e das condições de formação do comprimido. Para estes tipos de desintegrantes, é necessário manter uma estrutura porosa e uma baixa tensão interfacial em relação ao fluido aquoso, o que contribui para a desintegração através da criação de uma rede hidrofílica em torno das partículas do fármaco.

- **Devido às forças repulsivas da partícula/partícula em desintegração**

  Outro mecanismo de desintegração tenta explicar o inchaço dos comprimidos fabricados com desintegrantes "não-inflamáveis". Guyot-Hermann propôs uma teoria de repulsão de partículas baseada na observação de que as partículas não-incháveis também causam a desintegração dos comprimidos. As forças de repulsão eléctrica entre as partículas são o mecanismo de desintegração e a água é necessária para tal. Os investigadores descobriram que a repulsão é secundária à absorção.

- **Devido à deformação**

Durante a compressão do comprimido, as partículas desintegradas são deformadas e estas partículas deformadas voltam à sua estrutura normal quando entram em contacto com meios aquosos ou água. Ocasionalmente, a capacidade de inchaço do amido foi melhorada quando os grânulos foram extensivamente deformados durante a compressão. Este aumento do tamanho das partículas deformadas produz uma rutura do comprimido.

2. FINALIDADE E OBJECTIVO

O objetivo do presente estudo é conceber e desenvolver uma forma de dosagem oral sólida estável de comprimidos de Atorvastatina cálcica para fornecer uma concentração óptima de fármaco no local desejado num momento específico comparável ao produto inovador com melhor estabilidade, elevada viabilidade de produção e excelente compatibilidade com o doente.

Como a atorvastatina é um medicamento altamente instável e propenso a degradar-se devido a impurezas, os presentes estudos envolvem a utilização da forma de sal em condições controladas e ambientes assépticos para obter resultados comparáveis aos do inovador. É um desafio formular comprimidos de atorvastatina devido à sua instabilidade. O fármaco é primeiro estabilizado pela adição de antioxidante, uma vez que a estrutura química do fármaco consiste em oxigénio nascente altamente reativo, que é responsável pela degradação.É classificado como fármaco do tipo ll de acordo com o BCS, com base no qual a formulação é decidida. Tem uma solubilidade muito baixa e tem uma elevada permeabilidade à camada lipídica dos tecidos, pelo que neste trabalho são feitas abordagens para aumentar a solubilidade do fármaco no TGI, de modo a que o fármaco se desintegre mais rapidamente e se dissolva no ambiente do estômago, para que o pH favorável seja mantido para o fármaco e seja absorvido a uma taxa muito mais rápida, que permeia rapidamente, mostrando uma ação imediata em menos tempo.

Para preparar uma formulação estável e melhorar a dissolução do fármaco, são efectuadas muitas tentativas e, devido à natureza e compatibilidade do fármaco com os excipientes, são efectuadas tentativas como

- Adição de Antioxidante para proteger o medicamento contra a degradação por analisar a estabilidade do medicamento em BHT.
- O método de preparação é selecionado para aumentar a dissolução do formulando o medicamento com granulação húmida e também com granulação seca.
- A micronização do medicamento é efectuada para aumentar a sua solubilidade através de determinação da distribuição granulométrica do medicamento através do método de análise granulométrica.
- É utilizado um agente alcalinizante, uma vez que o fármaco é degradável a um pH ácido por estudar o pH dos diferentes agentes alcalinizantes e da combinação de fármaco e agente alcalinizante.
- Adição de várias quantidades de aglutinantes, superdisintegrantes e diluentes ao comprimido para melhorar a dissolução do fármaco.

3. PERFIL DOS MEDICAMENTOS

ATORVASTATINA CÁLCICA

ESTRUTURA:

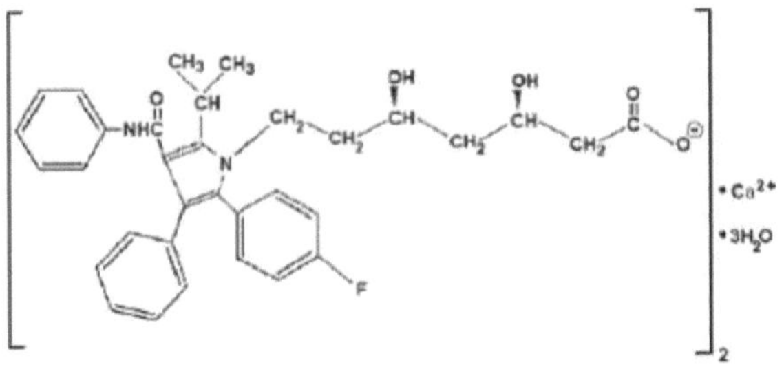

A atorvastatina cálcica é o sal de cálcio (2:1) tri-hidratado do ácido [R-(R*, R*)]-2-(4-fluorofenil)-p, 6-di-hidroxi-5- (1-metiletil)-3-fenil-4-[(fenilamino)carbonil]-1Hpirrol-1-heptanóico. A fórmula empírica da atorvastatina cálcica é (C H_{3334} FN O_{25})2Ca "3H_2 O e o seu peso molecular é 1209,42.

DESCRIÇÃO:

A atorvastatina cálcica é um pó cristalino branco a esbranquiçado, insolúvel em soluções aquosas de pH 4 e inferior. A atorvastatina cálcica é muito ligeiramente solúvel em água destilada, tampão fosfato de pH 7,4 e acetonitrilo; ligeiramente solúvel em etanol; e muito solúvel em metanol

CATEGORIA: Agente redutor de lípidos/ Anti-hiperlipidémico.

MECANISMO DE ACÇÃO:

A atorvastatina é um inibidor seletivo e competitivo da HMG-CoA redutase, a enzima que converte a 3-hidroxi-3-metilglutaril-coenzima A em mevalonato, um precursor dos esteróis, incluindo o colesterol. O colesterol e os triglicéridos circulam na corrente sanguínea como parte de complexos de lipoproteínas. Por ultracentrifugação, estes complexos separam-se nas fracções HDL (lipoproteínas de alta densidade), IDL (lipoproteínas de densidade intermédia), LDL (lipoproteínas de baixa densidade) e VLDL (lipoproteínas de densidade muito baixa). No fígado, os triglicéridos (TG) e o colesterol são incorporados nas VLDL e libertados no plasma para serem transportados para os tecidos periféricos. O LDL é formado a partir do VLDL e é catabolizado principalmente através do recetor de LDL de alta afinidade. Estudos clínicos e patológicos mostram que níveis plasmáticos elevados de colesterol total (total-C), colesterol LDL (LDL-C) e apolipoproteína B (apo B) promovem a aterosclerose humana e são factores de risco para o desenvolvimento de doenças cardiovasculares, enquanto níveis elevados de colesterol HDL estão associados a uma diminuição do risco cardiovascular. Em modelos animais, as cápsulas de atorvastatina cálcica reduzem os níveis plasmáticos de colesterol e de lipoproteínas, inibindo a HMG-CoA redutase e a síntese de colesterol no fígado e aumentando o número de receptores hepáticos de LDL na superfície das células para melhorar a captação e o catabolismo do LDL; as cápsulas de atorvastatina cálcica reduzem igualmente a produção de LDL e o número de partículas de LDL.Uma variedade de estudos clínicos demonstrou que níveis elevados de C total, LDLC e apo B (um complexo de membrana para o LDL-C) promovem a aterosclerose humana. Do mesmo modo, a diminuição dos níveis de HDL-C (e do seu complexo de transporte, apo A) está associada ao desenvolvimento da aterosclerose. As investigações epidemiológicas estabeleceram que a morbilidade e a mortalidade cardiovasculares variam diretamente com o nível de colesterol total e de colesterol LDL e inversamente com o nível de colesterol HDL. As cápsulas de Atorvastatina cálcica reduzem o colesterol total, o colesterol LDL e a apo B em doentes com FH homozigótica e heterozigótica, formas não familiares de hipercolesterolemia e dislipidemia mista, hipercolesterolemia familiar que não respondem a outros fármacos redutores de lípidos. Uma cápsula de Atorvastatina cálcica reduz igualmente o VLDL-C, os TG, o não-HDL-C, a apo B e produz aumentos variáveis do HDL-C e da apolipoproteína A-l. O efeito das cápsulas de atorvastatina cálcica na morbilidade e mortalidade cardiovasculares não foi determinado. Tal como as LDL, as lipoproteínas ricas em triglicéridos e enriquecidas em colesterol, incluindo as VLDL, as lipoproteínas de densidade intermédia (IDL) e as remanescentes, podem também promover a aterosclerose. Os triglicéridos plasmáticos elevados são frequentemente encontrados em associação com níveis baixos de colesterol HDL e pequenas partículas de LDL, bem como em associação com factores de risco metabólicos não lipídicos para a doença coronária. Como tal, os TG plasmáticos totais não demonstraram consistentemente ser um fator de risco independente para a doença coronária.

DOSE RECOMENDADA PELA FDA:

10mg, 20mg, 40mg, 80mg.

Terapia precoce e intensiva para a síndrome coronária aguda

A terapêutica antilipémica precoce e intensiva com uma dose elevada de atorvastatina demonstrou ser mais eficaz do que uma dose moderada de uma estatina na redução do risco de eventos cardiovasculares em doentes com síndrome coronário agudo (SCA).

Num estudo aleatório, em dupla ocultação (Pravastatin or Atorvastatin Evaluation and Infection Therapy [PROVE-IT]) em mais de 4000 doentes hospitalizados por SCA nos 10 dias anteriores, o tratamento com terapêutica antilipémica intensiva (atorvastatina 80 mg por dia) ou moderada (pravastatina 40 mg por dia) durante 2 anos reduziu as concentrações de colesterol LDL para uma mediana de 62 ou 95 mg/dL, respetivamente.

Embora os resultados destes estudos sugiram que a redução das concentrações de colesterol LDL muito abaixo dos níveis atualmente recomendados (menos de 100 mg/dL) pode ter um benefício clínico adicional no que diz respeito a eventos de CHD, as diretrizes do National Cholesterol Education Program (NCEP) (Adult Treatment Panel III [ATP III]) recomendam atualmente que o objetivo mais baixo (ou seja, 70 mg/dL) seja considerado apenas para doentes com *risco muito elevado* de desenvolver CHD

Hipercolesterolemia familiar homozigótica

A atorvastatina é utilizada isoladamente ou em combinação com a ezetimiba para diminuir as concentrações séricas elevadas de colesterol total e de colesterol LDL em doentes com hipercolesterolemia familiar homozigótica, como adjuvante de outras terapêuticas hipolipemiantes (por exemplo, aférese de LDL plasmática) ou quando essas terapêuticas não estão disponíveis, Num ensaio clínico aberto num número limitado de doentes com hipercolesterolemia familiar homozigótica, as concentrações de colesterol LDL foram reduzidas em 7-53% (redução média de 20%) em 86% dos doentes e aumentadas em 7-24% em 14% dos doentes que receberam doses diárias de 20-80 mg de atorvastatina. Foram observadas reduções semelhantes (17-28%) noutro estudo aberto em que os doentes receberam doses diárias de 40-80 mg de atorvastatina durante pelo menos 4 semanas. Num número limitado de doentes submetidos a aférese plasmática de LDL para reduzir as concentrações de colesterol, a adição de atorvastatina (80 mg por dia) durante 8 semanas reduziu as concentrações plasmáticas de colesterol total e LDL em mais 29 e 31%, respetivamente. Evidências limitadas indicam que o tratamento com atorvastatina também pode retardar a progressão da aterosclerose nestes doentes.

Num estudo aleatório, em dupla ocultação, com a duração de 12 semanas, num número limitado de doentes com um diagnóstico clínico e/ou genotípico de hipercolesterolemia familiar homozigótica, a adição de ezetimiba (10 mg por dia) à terapêutica com atorvastatina ou sinvastatina (40 ou 80 mg por dia) foi mais eficaz na redução das concentrações de colesterol LDL (redução adicional de 21% com base nos dados agrupados dos grupos de estatinas de 40 mg e 80 mg) do que o aumento da dose de monoterapia de atorvastatina ou sinvastatina de 40 para 80 mg por dia (redução adicional de 7% com base nos dados agrupados dos grupos de estatinas de 40 mg e 80 mg). Nos doentes que receberam ezetimiba (10 mg por dia) em combinação com doses mais elevadas (80 mg por dia) de atorvastatina ou sinvastatina, as concentrações de colesterol LDL foram reduzidas em mais 27% em comparação com as reduções de colesterol LDL obtidas com a dose diária de 40 mg de estatina.

Hipertrigliceridemia

A atorvastatina é utilizada como adjuvante da terapêutica dietética no tratamento de doentes com concentrações séricas elevadas de triglicéridos.

Embora as estatinas sejam eficazes na redução do colesterol LDL, a maioria das estatinas tem geralmente um efeito limitado nas concentrações séricas de triglicéridos. No entanto, dados limitados sugerem que as reduções de triglicéridos produzidas pelas doses habituais de atorvastatina excedem substancialmente as do placebo e parecem ser semelhantes às registadas com as doses habituais de fibratos ou niacina. Em vários estudos em dupla ocultação, controlados por placebo, num número limitado de doentes com hipertrigliceridemia primária que receberam tratamento com atorvastatina (5-80 mg por dia) durante 4 semanas, o colesterol total, o colesterol LDL, VLDL-colesterol, triglicéridos e concentrações de colesterol não-HDL foram reduzidos em 20-44, 17-41, 34-62, 27-52 e 33-52%, respetivamente, em comparação com 1-2, 1-4, 1-6, 9-12 e 3%, respetivamente, no grupo placebo; No entanto, nenhum doente atingiu concentrações normais de triglicéridos como resultado do tratamento. A atorvastatina 10 mg por dia produziu, alegadamente, maiores reduções do colesterol LDL do que a niacina 3 g por dia ou o fenofibrato 300 mg por dia em doentes com hiperlipidemia combinada ou hipertrigliceridemia isolada. Contudo, as reduções das concentrações de triglicéridos e os aumentos das concentrações de colesterol HDL foram inferiores aos registados com as doses habituais de niacina ou fenofibrato.

Outras utilizações

A atorvastatina reduziu as concentrações de colesterol total e de colesterol LDL em alguns doentes com transplante renal. Além disso, o medicamento reduziu as concentrações de colesterol total e de colesterol LDL em doentes hipercolesterolémicos em diálise peritoneal'!". A atorvastatina, isoladamente ou em combinação com gemfibrozil, também demonstrou reduzir as concentrações de colesterol e triglicéridos em doentes com hipercolesterolemia associada ao uso de inibidores da protease

FARMACOLOGIA CLÍNICA.

Farmacocinética e Metabolismo de Medicamentos

Absorção: A atorvastatina é rapidamente absorvida após administração oral; o máximo de As concentrações plasmáticas ocorrem dentro de 1 a 2 horas. A extensão da absorção aumenta em proporção à dose de atorvastatina. A biodisponibilidade absoluta da atorvastatina (fármaco principal) é de aproximadamente 14% e a disponibilidade sistémica da atividade inibidora da HMG-CoA redutase é de aproximadamente 30%. A baixa disponibilidade sistémica é atribuída à depuração pré-sistémica na mucosa gastrointestinal e/ou ao metabolismo hepático de primeira passagem. Embora os alimentos diminuam a taxa e a extensão da absorção do fármaco em aproximadamente 25% e 9%, respetivamente, conforme avaliado pelo C,,,, e AUC, a redução do LDL-C é semelhante quer a atorvastatina seja administrada com ou sem alimentos. As concentrações plasmáticas de atorvastatina são mais baixas (aproximadamente 30% para C,,, e AUC) após a administração do medicamento à noite em comparação com a manhã. No entanto, a redução do colesterol LDL é a mesma, independentemente da hora do dia em que o medicamento é administrado (ver DOSAGEM E ADMINISTRAÇÃO).

Distribuição: O volume médio de distribuição da atorvastatina é de aproximadamente 38 1 litros. A atorvastatina está > 98% ligada às proteínas plasmáticas. Um rácio sangue/plasma de aproximadamente 0,25 indica uma fraca penetração do fármaco nos glóbulos vermelhos. Com base em

observações em ratos, é provável que a atorvastatina seja segregada no ser humano.

Metabolismo: A atorvastatina é extensivamente metabolizada em derivados orto e para-hidroxilados e vários produtos de beta-oxidação. A inibição in vitro da HMG-CoA redutase pelos metabolitos orto e para-hidroxilados é equivalente à da atorvastatina. Aproximadamente

70% da atividade inibitória circulante da HMG-CoA redutase é atribuída aos metabolitos activos. Estudos in vitro sugerem a importância do metabolismo da atorvastatina pelo citocromo P450 3A4, consistente com o aumento das concentrações plasmáticas de atorvastatina em humanos após a coadministração com eritromicina, um conhecido inibidor desta isozina (ver PRECAUÇÕES, Interações medicamentosas). Nos animais, o metabolito orto-hidroxi sofre glucuronidação adicional.

Excreção: A atorvastatina e os seus metabolitos são eliminados principalmente na bílis após metabolismo hepático e/ou extra-hepático; contudo, o fármaco não parece sofrer recirculação entero-hepática. A meia-vida média de eliminação plasmática da atorvastatina no ser humano é de aproximadamente 14 horas, mas a meia-vida da atividade inibidora da HMGCoA redutase é de 20 a 30 horas devido à contribuição dos metabolitos activos. Menos de 2% de uma dose de atorvastatina é recuperada na urina após administração oral.

Populações especiais

Geriátrico: As concentrações plasmáticas de atorvastatina são mais elevadas (aproximadamente 40% para C,,, e 30% para AUC) em indivíduos idosos saudáveis (idade L 65 anos) do que em adultos jovens. Os dados clínicos sugerem um maior grau de redução do LDL em qualquer dose do medicamento na população idosa em comparação com os adultos jovens (ver secção PRECAUÇÕES; subsecção Utilização em Geriatria),

Pediátrico: Não estão disponíveis dados farmacocinéticos na população pediátrica.

Género: As concentrações plasmáticas de atorvastatina nas mulheres diferem das dos homens (aproximadamente 20% mais elevadas para C,,, e 10% mais baixas para AUC); no entanto, não existe uma diferença clinicamente significativa na redução do colesterol LDL com cápsulas de atorvastatina cálcica entre homens e mulheres.

Insuficiência renal: A doença renal não tem qualquer influência nas concentrações plasmáticas ou na redução do colesterol LDL da atorvastatina; assim, não é necessário ajustar a dose em doentes com disfunção renal (ver DOSAGEM E ADMINISTRAÇÃO). Hemodiálise: Embora não tenham sido realizados estudos em doentes com doença renal terminal, não se espera que a hemodiálise aumente significativamente a depuração da atorvastatina, uma vez que o fármaco está extensivamente ligado às proteínas plasmáticas. Insuficiência hepática: Em doentes com doença hepática alcoólica crónica, as concentrações plasmáticas de atorvastatina estão acentuadamente aumentadas. A C,,, e a AUC são 4 vezes superiores em doentes com doença de Childs-Pugh A. A C m axa e a AUC são aproximadamente 16 vezes e 11 vezes superiores, respetivamente, em doentes com doença de Childs-Pugh B.

Farmacodinâmica

A atorvastatina, bem como alguns dos seus metabolitos, são farmacologicamente activos no ser humano. O fígado é o principal local de ação e o principal local de absorção do colesterol síntese e depuração do LDL. A dosagem do medicamento, e não a sua concentração sistémica, correlaciona-se melhor com a redução do colesterol LDL. A individualização da dosagem do medicamento deve basear-se na resposta terapêutica (ver DOSAGEM E ADMINISTRAÇÃO)

DOSAGEM E ADMINISTRAÇÃOOs doentes devem ser colocados numa dieta padrão para redução do colesterol antes de receberem cápsulas de atorvastatina cálcica e devem continuar com esta dieta durante o tratamento com cápsulas de atorvastatina cálcica.

CONTRA-INDICAÇÕES

Doença hepática ativa ou elevações persistentes e inexplicáveis das transaminases séricas. Hipersensibilidade a qualquer componente deste medicamento. Gravidez e aleitamento A aterosclerose é um processo crónico e a interrupção dos fármacos hipolipemiantes durante a gravidez deve ter pouco impacto no resultado da terapêutica a longo prazo da hipercolesterolemia primária

A atorvastatina só deve ser administrada a mulheres em idade fértil se for altamente improvável que estas concebam e se tiverem sido informadas dos riscos potenciais.

ADVERTÊNCIAS

Disfunção hepática

Os inibidores da HMG-CoA redutase, tal como outras terapêuticas hipolipemiantes, têm sido associados a anomalias bioquímicas da função hepática. Ocorreram elevações persistentes (> 3 vezes o limite superior do normal [ULN] em 2 ou mais ocasiões) nas transaminases séricas em 0,7% dos doentes que receberam atorvastatina em ensaios clínicos. A incidência destas anomalias foi de 0,2%, 0,2%, 0,6% e 2,3% para 10, 20, 40 e 80 mg, respetivamente.

A atorvastatina deve ser utilizada com precaução em doentes que consomem quantidades substanciais de álcool e/ou que têm uma história de doença hepática. Doença hepática ativa ou elevações persistentes e inexplicáveis das transaminases são contra-indicações para a utilização de atorvastatina.

Músculo esquelético

Foram notificados casos raros de rabdomiólise com insuficiência renal aguda secundária a mioglobinúria com atorvastatina e com outros medicamentos desta classe. Miopatia, definida como dores musculares ou fraqueza muscular. A terapêutica com atorvastatina deve ser temporariamente suspensa ou interrompida em qualquer doente com uma situação aguda e grave sugestiva de miopatia.

PRECAUÇÕES

Antes de iniciar a terapêutica com atorvastatina, deve tentar-se controlar a hipercolesterolemia com uma dieta adequada, exercício físico e redução de peso em doentes obesos, e tratar outros problemas médicos subjacentes. Informações para os doentes Os doentes devem ser aconselhados a comunicar imediatamente dores musculares inexplicáveis, sensibilidade ou fraqueza, particularmente se acompanhadas de mal-estar ou febre.

Interações medicamentosas

ciclosporina, derivados do ácido fíbrico, niacina (ácido nicotínico), eritromicina, antifúngicos azólicos interagem com a atorvastatina em alguma população apresentaram miopatia e dores musculares, febre, outros efeitos adversos graves.

Antiácido: Quando a atorvastatina e a suspensão MaaloxB TC foram coadministradas, as concentrações plasmáticas de atorvastatina diminuíram aproximadamente 35%. No entanto, a redução do LDLC não foi alterada.

Antipirina: Uma vez que a atorvastatina não afecta a farmacocinética da antipirina, não são esperadas interações com outros medicamentos metabolizados através dos mesmos isoenzimas do citocromo.

Colestipol: As concentrações plasmáticas de atorvastatina diminuíram aproximadamente 25% quando o colestipol e a atorvastatina foram coadministrados. No entanto, a redução do colesterol LDL foi maior quando a atorvastatina e o colestipol foram coadministrados do que quando um dos medicamentos foi administrado isoladamente.

Cimetidina: As concentrações plasmáticas da atorvastatina e a redução do colesterol LDL não foram alteradas pela coadministração de cimetidina.

Digoxina: Quando doses múltiplas de atorvastatina e digoxina foram coadministradas, as concentrações plasmáticas de digoxina no estado estacionário aumentaram em aproximadamente 20%. Os doentes que tomam digoxina devem ser monitorizados adequadamente. **Eritromicina:** Em indivíduos saudáveis, as concentrações plasmáticas de atorvastatina aumentaram cerca de 40% com a coadministração de atorvastatina e eritromicina, um conhecido inibidor do citocromo P4.50 3A4 .

Contraceptivos orais: A administração conjunta de atorvastatina e de um contracetivo oral aumentou os valores da AUC da noretindrona e do etinilestradiol em cerca de 30% e 20%. Estes aumentos devem ser considerados ao selecionar um contracetivo oral para uma mulher que esteja a tomar atorvastatina.

Varfarina: A atorvastatina não teve qualquer efeito clinicamente significativo no tempo de protrombina quando administrada a doentes em tratamento crónico com varfarina. Toxicidade para o SNC: Foi observada hemorragia cerebral numa cadela tratada durante 3 meses com 120 mg/kg/dia. Lesões vasculares do SNC, caracterizadas por hemorragias perivasculares, edema e infiltração de células mononucleares nos espaços perivasculares, foram observadas em cães tratados com outros membros desta classe. Um fármaco quimicamente semelhante desta classe produziu degenerescência do nervo ótico (degenerescência Walleriana das fibras retinogeniculadas) em cães clinicamente normais, de forma dependente da dose, numa dose que produziu níveis plasmáticos de fármaco cerca de 30 vezes superiores ao nível médio de fármaco em humanos que tomaram a dose mais elevada recomendada. Carcinogénese, mutagénese, perturbações da fertilidade.

4. PERFIL DO EXCIPIENTE

Carbonato de cálcio

Nomes não proprietários: Carbonato de cálcio de acordo com BP,USP,JP.

Sinónimos: Barcroft, Calri pure, Carbonato de cálcio, Giz precipitado, Carbohidrato farmacêutico, Carbonato de cal precipitado.

Nome químico: Ácido carbónico, sal de cálcio.

Peso molecular:100.09

Fórmula empírica: $CaCO_3$

Descrição: Trata-se de um pó ou cristais cristalinos brancos, inodoros e insípidos.

Categoria funcional: Diluente de comprimidos e cápsulas, excipiente de comprimidos, agente de volume, agente terapêutico, agente tampão.

Solubilidade: Insolúvel em etanol a 95% e em água; a solubilidade em água aumenta com sais de amónio ou Co2; a presença de hidróxidos alcalinos reduz a solubilidade

Propriedades:

Alcalinidade: Ph é 9 para 10%w/v de dispersão,

Densidade (a granel): 0,8g/cm^3 ,

Densidade(Tap): 1,2g/cm^3 ,

Fluidez: coesiva, Ponto de fusão: Decompõe-se a 825 c^0

Estabilidade e armazenamento: Armazenado em recipientes bem fechados em local fresco e seco, estável à temperatura ambiente

Aplicações:

- É utilizado como diluente na forma de dosagem sólida oral, ou seja, comprimidos e cápsulas

- É utilizado como base para preparações dentárias medicamentosas
- Como tampão e auxiliar de dissolução em comprimidos dispersíveis
- Agentes de volume em comprimidos
- Opacificador, processos de revestimento de açúcar em comprimidos Revestimento de película
- Aditivo alimentar, suplementos de cálcio e antiácido

Incompatibilidade: Incompatível com ácidos e sais de amónio

Polaxómero

Nomes não proprietários: Polaxómero de acordo com a BP e USP

Sinónimos: Pluronic, Poloxalkol, Copolímero de polietileno-propilenoglicol, Supronic, syperonic.

Denominação química: a-hidro-D-hidroxipoli(oxietileno)poli(oxipropileno) Copolímero em bloco de poli(oxietileno).

Categoria funcional: Agente dispersante, agente emulsionante, agente coemulsionante, agente solubilizante, lubrificante.

Peso molecular:9840-14600 (para o polaxómero 407)

Fórmula empírica: $HO(C_2H_4O)_a(C_3H_6O)_b$

Para o polaxómero 407 a=101; b=56

Descrição: Sólido fundido de grânulos prilled brancos, cerosos e de fluxo livre. É inodoro e insípido.

Solubilidade: Muito solúvel em etanol a 95%; propanol e água.

Insolúvel em xileno.

Propriedades:

Alcalinidade: Ph é 5-7,4 para 2,5%w/v de solução aquosa,

Densidade (a granel): 1,06g/cm3 a 25^0 c,

Ponto de fusão: 52-57^0 c,

Teor de humidade: deve ser inferior a 1 para 0,5%w/w.

Estabilidade e armazenamento: É estável; as soluções Aq são estáveis na presença de ácidos, alcalinos e iões metálicos.

É armazenado num recipiente bem fechado e conservado num local fresco e seco.

Aplicação:

- Para emulsões de gordura intravenosas, é utilizado para manter a clareza e é utilizado como agente emulsionante
- Mantém a transparência para elixires e xaropes.
- Utilizado como agente molhante em pomadas, bases de supositórios e géis.
- Utilizado como agente solubilizante em suspensões.
- Utilizado como agente humidificante em formulações de gotas para os olhos
- Utilizado como agente terapêutico para feridas nos rins e na pele
- Utilizado como solução para lentes de contacto.

Incompatibilidade: Não é compatível com fenóis e parabenos.

Lactose mono-hidratada

Denominação Comum: Lactose

Sinónimos: Capsulac, Lactochem, Tabletose

Denominação química :O-β-D-Galactopiranosil-(1→4)-α-D-glucopiranose mono-hidratada

Nome empírico: $C_{12}H_{22}O_{11}.H_2O$

Peso molar: 360,31

Categoria funcional: Suporte de inalador de pó seco; auxiliar de liofilização; aglutinante de comprimidos; diluentes de comprimidos e cápsulas; enchimento de comprimidos e cápsulas.

Descrição: No estado sólido, a lactose apresenta-se em várias formas isoméricas, dependendo das condições de cristalização e secagem. A lactose apresenta-se sob a forma de partículas cristalinas brancas a esbranquiçadas ou de pó. A lactose é inodora e tem um sabor ligeiramente doce; a α-lactose é aproximadamente 20% mais doce do que a sacarose, enquanto a β-lactose é 40% mais doce.

Solubilidade: Praticamente insolúvel em clorofórmio, etanol e éter, água (1 em 5,24,1 em 3,05 a 40°C,1 em 2,30 a 50°C,1 em 1,71 a 60°C,1 em 0,96 a 80°C).

Estabilidade e condições de armazenamento: Pode ocorrer crescimento de bolor em condições de humidade
(80 % ou mais de humidade relativa). A lactose pode desenvolver uma coloração castanha durante a armazenagem, sendo a reação acelerada por condições quentes e húmidas. Deve ser armazenada num recipiente bem fechado, num local fresco e seco.

Aplicações:

- A lactose é amplamente utilizada como agente de enchimento e diluente em comprimidos e cápsulas e, de forma mais limitada, em produtos liofilizados e fórmulas para lactentes.
- A lactose é também utilizada como diluente na inalação de pós secos.

Incompatibilidades: É provável que ocorra uma reação de condensação do tipo Maillard entre a lactose e compostos com um grupo amina primário para formar produtos castanhos ou de cor amarelo-castanho. É também incompatível com aminoácidos, anfetaminas e lisinopril.

Substâncias relacionadas: Lactose anidra; lactose por inalação; lactose mono-hidratada e amido de milho

Croscarmelose de sódio

Denominação Comum: Croscarmelose de sódio, segundo a BP e a Ph Eur;

Croscarmellosum natricum.

Sinónimos: Cmc de sódio reticulado; Explocel; Goma de celulose modificada; Nymcel ZSX; Pharmacel XL.

Denominação química: Celulose, éter carboximetil, sal de sódio.

Fórmula empírica: éter policarboximetilcelulósico.

Peso molecular: 90.000-7.00.000.

Categoria funcional:Desintegrante, capacidade de absorção e de inchaço.

Descrição: Pó branco a branco-acinzentado, inodoro.

Solubilidade: É insolúvel em água mas incha rapidamente até 4-8 vezes o seu tamanho original.

Propriedades:

Densidade à superfície: 0,819g/cm^3 para AC-di- sol.

Densidade aparente: 0,529g/cm^3 .

Estabilidade e armazenamento: É bem estável e higroscópico na natureza, os metais reduzem as suas propriedades armazenadas em recipientes bem fechados e mantidos em local fresco e seco.

Aplicações:

- É utilizado como desintegrante numa concentração de 5%w/w.
- 2%w/w em comprimidos para compressão direta.
- 3%w/w em pastilhas para granulação húmida.
- Para cápsulas, é utilizado numa concentração de 10-25% w/w.
- 0,5-5% w/w para comprimidos.

Incompatibilidade: Incompatível com ácidos fortes e com sais solúveis de ferro e alguns metais como zinco, alumínio, etc...

Estearato de magnésio

Nome não proprietário: Estearato de magnésio

Sinónimos: Octadecanoato de magnésio; ácido octadecanóico, sal de magnésio.

Nome químico: Sal de magnésio do ácido octadecanóico

Fórmula empírica: $C_{36}H_{70}MgO_4$

Peso molecular: 591,24

Categoria funcional: Lubrificante de comprimidos e cápsulas.

Descrição: O estearato de magnésio é um pó muito fino, branco claro, precipitado ou moído, impalpável, de baixa densidade aparente, com um ligeiro odor a ácido esteárico e um sabor caraterístico. O pó é gorduroso ao tato e adere facilmente à pele.

Solubilidade: Praticamente insolúvel em etanol, etanol (95 %), éter e água; ligeiramente solúvel em benzeno quente e etanol quente (95 %).

Estabilidade e condições de armazenamento: O estearato de magnésio é estável e deve ser armazenado num recipiente bem fechado, num local fresco e seco.

Aplicações:

- O estearato de magnésio é amplamente utilizado em cosméticos, alimentos e formulações farmacêuticas.
- É utilizado principalmente como lubrificante no fabrico de cápsulas e comprimidos em concentrações entre 0,25 % e 5,0 % w/w.

Incompatibilidades: Incompatível com ácidos fortes, álcalis e sais de ferro. Evitar a mistura com materiais oxidantes fortes. O estearato de magnésio não pode ser utilizado em produtos que contenham aspirina, algumas vitaminas e a maioria dos sais alcalóides.

Substâncias relacionadas: Estearato de cálcio; silicato de alumínio e magnésio; ácido esteárico; estearato de zinco.

Meglumina

Nomes não proprietários: Meglumine BP, Meglumine JP e USP

Sinónimos: 1-Metilamino-1-desoxi-D-glucitol, N-metil glucamina, N-metil-D-glucamina.

Denominação química: 1-Deoxi-1-(metilamino)-D-glucitol.

Categoria funcional: Agente alcalinizante.

Peso molecular:195.21

Fórmula empírica: $C_7H_{17}NO_5$

Descrição: Poder cristalino de cor branca a ligeiramente amarela, é inodoro ou com ligeiro odor.

Solubilidade: Praticamente insolúvel em Éter e Clorofórmio, Solúvel em 1 parte em 80 de etanol, Solúvel em 1 parte em 1 de água.

Estabilidade e condições de armazenamento: O pó deve ser armazenado num recipiente bem fechado e mantido em local seco.

Propriedades típicas:

Ácido/Alcalinidade pH: 10,5%w/v,

Pka: 9,5at 20^0 c,

Ponto de fusão: 128-132 C^0

Aplicações:

- É adicionado à forma de dosagem sólida oral para manter o ambiente alcalino no TGI e proteger a degradação do medicamento do meio ácido.
- É adicionado à forma de dosagem oral para o meio alcalino desejado, como comprimidos, cápsulas, pós, etc.
- É utilizado como agente solubilizante.

Incompatibilidade: Incompatível com iões metálicos.

Glicolato de amido e sódio

Nome não proprietário: Glicolato de amido e sódio

Sinónimos: Carboximetilamido, sal de sódio; Primojel; Tablo

Nome químico: Carboximetilamido sódico

Categoria funcional: Desintegrante de comprimidos e cápsulas.

Descrição: O glicolato de amido sódico é um pó branco ou quase branco, de fluxo livre e muito higroscópico.

Solubilidade: Praticamente insolúvel em cloreto de metileno. Dá uma suspensão translúcida em água.

Incompatibilidades: O glicolato de amido sódico é incompatível com o ácido ascórbico.

Aplicações: O glicolato de amido sódico é amplamente utilizado em produtos farmacêuticos orais como desintegrante em formulações de cápsulas e comprimidos. É normalmente utilizado em comprimidos preparados por compressão direta ou por processos de granulação húmida. A concentração habitualmente utilizada numa formulação situa-se entre 2 % e 8 %, sendo a concentração óptima de cerca de 4 %, embora em muitos casos 2 % seja suficiente.

Substâncias relacionadas: Amido pré gelatinizado, amido.

Hidroxitouleno butilado

Denominação Comum: Hidroxitouleno butilado, segundo a BP; hidroxitouleno butilado.

Sinónimos: Agidol; Dalpal; Topanol; Vianol.

Nome químico: 2,6 di-terc-butil 4-metilfenol.

Fórmula empírica: $C_{15}H_{24}O$.

Peso molecular: 220,35

Categoria funcional:Antioxidante.

Descrição: Trata-se de um pó branco a ligeiramente amarelado.

Solubilidade: Insolúvel em água, glicina e glicol. Solúvel em acetona, benzeno.

Aplicações:

- É utilizado como excipiente em formas de dosagem
- É utilizado como antioxidante em comprimidos

Polissorbato 80

Nomes não proprietários: Polisorbato 80 USP,BP, éster de ácido gordo de polioxietileno sorbitano

Sinónimos: Monooleato de polioxietileno 20 sorbitano.

Denominação química: Ésteres de ácidos gordos de polioxietileno sorbitano.

Categoria funcional: Agente emulsionante, tensioativo não iónico, agente molhante, agente dispersante, agente de suspensão, agente solubilizante

Peso molecular: 1310

Fórmula empírica: $C_{64}H_{124}O_{26}$

Descrição: Tem um odor caraterístico, quente, de sabor amargo, líquido oleoso amarelo a 25°C

Solubilidade: Solúvel em etanol, Insolúvel em óleos minerais, Insolúvel em óleo vegetal, Solúvel em água

Propriedades:

Acidez/Alcalinidade: pH 6-8 para uma solução a 0,5% p/p

A tensão superficial a 20 °C (mN/m) é de 42,5,

LD_{50} (rato,IP): 7,6g/kg,

Índice de acidez: 2,0%

Valor hidroxilo:65-80

Índice de saponificação:45-55

Valor HLB:15.0

Aplicações:

- É utilizado sozinho em emulsões o/w como agente emulsionante (1-15% conc)
- É utilizado como agente solubilizante para agentes activos pouco solúveis em bases lipofílicas a 1-10% de concentração
- Agente molhante para agentes activos insolúveis em bases lipofílicas no intervalo de 0,1 3% conc
- É utilizado como tensioativo não iónico na preparação de emulsões

Celulose microcristalina

Nome não proprietário: Celulose microcristalina.

Sinónimos: Avicel pH; celex; gel de celulose; celulose cristalina; emcocel; tabulose.

Nome químico: Celulose

Fórmula empírica: $(C_6H_{10}O_5)n$ em que n ~ 220

Peso molecular: ~36 000

Categoria funcional: Adsorvente; agente de suspensão; diluente de comprimidos e cápsulas; desintegrante de comprimidos.

Descrição: A celulose microcristalina é uma celulose purificada, parcialmente despolimerizada, que se apresenta como um pó cristalino branco, inodoro, insípido e composto por partículas porosas. Está disponível comercialmente em diferentes tamanhos de partículas e graus de humidade que têm diferentes propriedades e aplicações.

Solubilidade: Ligeiramente solúvel em solução de hidróxido de sódio a 5 % p/v; praticamente insolúvel em água, ácidos diluídos e na maioria dos solventes orgânicos.

Estabilidade e condições de armazenamento: A celulose microcristalina é um material estável, embora higroscópico. O material a granel deve ser armazenado num recipiente bem fechado, num local fresco e seco.

Incompatibilidades: A celulose microcristalina é incompatível com agentes oxidantes fortes.

Aplicações:

- A celulose microcristalina é amplamente utilizada em produtos farmacêuticos, principalmente como aglutinante/diluente em formulações orais de comprimidos e cápsulas, onde é utilizada tanto em processos de granulação húmida como de compressão direta.

- Possui também algumas propriedades lubrificantes e desintegrantes que o tornam útil na formação de comprimidos.
- É também utilizado em cosméticos e produtos alimentares.

Substâncias relacionadas: Celulose microcristalina e carragenina; celulose microcristalina e carboximetilcelulose sódica; celulose microcristalina e goma guar; celulose em pó.

Dióxido de silício coloidal

Nome não proprietário: Sílica coloidal anidra

Sinónimos: Aerosil; Cab-O-Sil; sílica coloidal

Nome químico: Sílica

Fórmula empírica: SiO_2

Peso molecular: 60,08

Categoria funcional: Adsorvente; agente antiaglomerante; estabilizador de emulsão; glidante; agente de suspensão; desintegrante de comprimidos; estabilizador térmico; agente de aumento de viscosidade.

Descrição: O dióxido de silício coloidal é uma sílica pirogénica submicroscópica com um tamanho de partícula de cerca de 15 nm. Trata-se de um pó amorfo, leve, solto, de cor branco-azulada, inodoro e insípido.

Solubilidade: Praticamente insolúvel em solventes orgânicos, água, antiácidos, exceto ácido fluorídrico; solúvel em soluções quentes de hidróxido alcalino. Forma uma dispersão coloidal com água. Para o aerosil, a solubilidade em água é de 150 mg/L a 25°C (pH 7).

Estabilidade e condições de armazenamento: O dióxido de silício coloidal é higroscópico, mas absorve grandes quantidades de água sem se liquefazer. O pó de dióxido de silício coloidal deve ser armazenado num recipiente bem fechado.

Aplicações:

- O dióxido de silício coloidal é amplamente utilizado em produtos farmacêuticos, cosméticos e alimentares. O seu pequeno tamanho de partícula e a sua grande área de superfície específica conferem-lhe caraterísticas de fluxo desejáveis que são exploradas para melhorar as propriedades de fluxo de pós secos numa série de processos, tais como a formação de comprimidos e o enchimento de cápsulas.
- Actua como um agente deslizante na concentração de 0,1-1 %.

Incompatibilidades: Incompatível com preparações de dietilestilbestrol.

Substâncias relacionadas: Sílica coloidal hidrofóbica.

Hidroxipropilcelulose

Nomes não proprietários: Hidroxipropilcelulose de baixa substituição

Sinónimos: Celulose, éter 2-hidroxipropílico; éter 2-hidroxipropílico (pouco substituído) de celulose; hiprolose, pouco substituído; L-HPC

Nome químico: Celulose, éter 2-hidroxipropílico (pouco substituído) **Categoria funcional:** Desintegrante de comprimidos e cápsulas; aglutinante de comprimidos.

Descrição: A hidroxipropilcelulose de baixa substituição apresenta-se sob a forma de pó ou grânulos de cor branca a branca amarelada. É inodora ou tem um odor ligeiro e caraterístico e é insípida.

Solubilidade: Praticamente insolúvel em etanol (95 %) e em éter. Dissolve-se numa solução de hidróxido de sódio (1:10) e produz uma solução viscosa. Insolúvel mas incha em água.

Estabilidade e condições de armazenamento: A hidroxipropilcelulose de baixa substituição é um material estável, embora higroscópico. O pó deve ser armazenado num recipiente bem fechado.

Aplicações:

- A hidroxipropilcelulose com baixo teor de substituição é amplamente utilizada em formas de dosagem sólida oral.
- É utilizado principalmente como desintegrante e como aglutinante para comprimidos e grânulos em granulação húmida ou seca.
- Tem sido utilizado na preparação de comprimidos de desintegração rápida produzidos por métodos de compressão direta.

Incompatibilidades: As substâncias alcalinas podem interagir. Se a formulação do comprimido contiver este tipo de material, o tempo de desintegração pode ser prolongado após o armazenamento.

5. REVISÃO DA LITERATURA

Margret Chandira et al*, Desenvolver e avaliar um comprimido único de libertação imediata no qual foi utilizada uma combinação de Atorvastatina (anti-hiperlipidémico) e Gliclazida (antidiabético). Uma vez que a Atorvastatina tem um t 1/2 próximo das 5 horas, a sua libertação foi retardada. O H.P.M.C. foi utilizado como material retardador. Foram utilizados dois tipos de H.P.M.C., ou seja, H.P.M.C. 4000cps e H.P.M.C. 100cps. Os comprimidos foram preparados pelo método de granulação húmida e foram comprimidos com punções de 12,4 mm de diâmetro. As propriedades dos grânulos e as caraterísticas dos comprimidos foram avaliadas de acordo com o procedimento padrão. Os estudos de dissolução in vitro foram efectuados no aparelho USPXXIII a 50 rpm até 8 horas. As primeiras duas horas do estudo de dissolução foram efectuadas com HCI 0,1N e da 3ª à 8ª hora o estudo foi efectuado com tampão fosfato médio de PH 6,8. Para a atorvastatina, só foram realizadas duas horas de estudo de dissolução e verificou-se que a sua libertação era de

97.6%. Para a Gliclazida, o estudo de dissolução foi realizado até às 8 horas completas e a sua libertação foi de 89,314% e a taxa de libertação foi considerada quase semelhante à do produto comercializado.

N Arunkumarl* et al, Sistema de libertação de fármaco flutuante para o fármaco modelo Atorvastatina cálcica, e avaliação dos vários parâmetros de processamento, incluindo estudos de flutuabilidade e estudos de libertação de fármaco *in vitro.* Foram preparadas quatro formulações contendo proporções variáveis de polímeros, como HPMC K4M e etilcelulose, e uma quantidade fixa de agente gerador de gás, como biocarbonato de sódio, e material hidrofóbico fundível, como cera de abelha. Os comprimidos foram preparados pela técnica de granulação por fusão e os comprimidos preparados permaneceram flutuantes durante mais de 8 horas no meio de libertação. As proporções dos polímeros mostraram uma diferença significativa na libertação do fármaco. Todas as formulações apresentaram uma libertação de fármaco dominante por difusão e foram consideradas estáveis.

Hema R. Valera* et al, Determinar o nível plasmático de atorvastatina 10 mg e o seu efeito no perfil lipídico em doentes recém-diagnosticados com hiperlipidemia que frequentam o Serviço de Medicina do Shri Krishna Hospital, Karamsad (Gujarat). O Estudo-I foi realizado em 6 voluntários saudáveis para determinar o tmax após uma dose única de atorvastatina 10 mg em condições de jejum, com base no qual o Estudo-II foi realizado em 15 doentes, recolhendo amostras de sangue num determinado momento (ou seja, tmax do Estudo-I) após a administração de atorvastatina 10 mg/dia no dia 1, bem como no último dia após 8 semanas de tratamento. As concentrações plasmáticas foram determinadas pelo sistema RP-HPLC. A atorvastatina 10 mg/dia durante 8 semanas com um intervalo de níveis plasmáticos (7,45, 12,08) ng/mL reduziu significativamente ($P<0,05$) todos os parâmetros do perfil lipídico da população estudada. A diminuição média do colesterol HDL suscita uma questão sobre o efeito da atorvastatina no colesterol HDL, que requer mais estudos.

Asha S. John et al*, O desenvolvimento e a avaliação de comprimidos bucais mucoadesivos de Atorvastatina cálcica utilizando os polímeros bioadesivos Carbopol 934P (CP), CMC de sódio, hidroxietilcelulose (HEC) e alginato de sódio (Na-alginato) juntamente com etilcelulose como camada de suporte impermeável.

Sanjeev Raghavendra Gubbi* et al, Preparação de liquisólidos de Atrovastatina cálcica. Avicel PH 102, Aerosil 200 e Explotab foram utilizados como veículo, material de revestimento e desintegrante, respetivamente. Os sistemas liquisólidos preparados foram avaliados quanto às suas propriedades microméricas e possíveis interações fármaco-excipiente por análise de espectros de infravermelhos (IV), calorimetria diferencial de varrimento (DSC) e difração de raios X em pó (XRPD). Os compactos liquisólidos foram preparados e avaliados quanto às suas propriedades de formação de comprimidos. O sistema liquisólido mostrou propriedades micromeriticas aceitáveis. Os estudos de IR e DSC excluíram qualquer interação significativa entre o fármaco e os excipientes. A análise XRPD confirmou a formação de uma solução sólida no interior da matriz compacta. As propriedades de formação de comprimidos dos compactos liquisólidos estavam dentro dos limites aceitáveis. As taxas de libertação dos compactos liquisólidos foram acentuadamente mais elevadas em comparação com os comprimidos diretamente comprimidos, devido ao aumento das propriedades de humidificação e da área de superfície do fármaco. A partir dos parâmetros farmacocinéticos obtidos, como a AUC, tmax e Cmax, os compactos de liquisolida demonstraram uma melhor biodisponibilidade em comparação com a sua formulação convencional. Este estudo mostra que a técnica do liquisólido é uma alternativa promissora para melhorar a dissolução e a biodisponibilidade oral de fármacos insolúveis em água, o que foi confirmado pela estimativa dos parâmetros farmacocinéticos *in vivo* em coelhos.

N.Arunkumar et al*. Preparação e avaliação de uma suspensão nanométrica de atorvastatina cálcica pouco solúvel em água. As nanopartículas foram caracterizadas em termos de tamanho e caraterísticas morfológicas. A solubilidade de saturação e as caraterísticas de dissolução foram investigadas e comparadas com o medicamento comercial. A cristalinidade do fármaco foi também avaliada através da realização de análise termogravimétrica (TGA), calorimetria diferencial de varrimento (DSC) e difração de raios X em pó (PXRD) para denotar uma eventual transformação para o estado amorfo durante o processo de homogeneização. Através deste estudo, foi demonstrado que o estado cristalino do fármaco é reduzido após a redução do tamanho da partícula e que as taxas de dissolução das nanopartículas amorfas de atorvastatina cálcica foram altamente aumentadas em comparação com o fármaco comercial, devido ao aumento da taxa de dissolução intrínseca e à redução do tamanho da partícula, resultando num aumento da área de superfície específica.

Patel Geeta M. * Desenvolver e avaliar a Atorvastatina Cálcica (ATC) e o Succinato de Metoprolol (MP) na mesma forma de dosagem, para que não haja necessidade de tomar uma forma de dosagem individual. Os comprimidos regiosselectivos foram preparados por compressão direta. O Polyox WSR N-60K e o HPMC K100M foram utilizados como polímeros hidrofílicos. O efervescente foi incorporado nas formulações para fazer flutuar a forma de dosagem. A quantidade de misturas de polímeros foi optimizada utilizando 32 modelos factoriais completos. Foram estudados os inchaços e a libertação in-vitro. Determinou-se o tempo de atraso da flutuação e a duração da flutuação dos comprimidos preparados. Todas as formulações flutuaram durante mais de 18-20 h. Mais de 90% da Atorvastatina cálcica foi libertada no espaço de 1 h. O HPMC K100M e o poliox WSR N-60K sustentaram a libertação do succinato de metoprolol da camada de libertação controlada durante mais de 20 h. Os expoentes de difusão (n) foram determinados para todas as formulações (0,450,89), pelo que o mecanismo de libertação do fármaco predominante é o transporte não-Fickiano (anómalo). O estudo de estabilidade não revelou alterações significativas no aspeto dos comprimidos, nas caraterísticas de flutuação e no perfil de dissolução do fármaco. Por conseguinte, o padrão bifásico de libertação do fármaco foi conseguido com êxito através da formulação de comprimidos de bicamada flutuante.

Suresh Kumar GV et al*, Estimativa simultânea de atorvastatina cálcica e telmisartan em formulações de comprimidos utilizando cromatografia líquida de fase inversa. A separação cromatográfica foi efectuada numa coluna analítica (Waters symmetry C18, 250 mm x 4,6 mm, 5p). Uma mistura de acetato de amónio (0,02M, pH 4,0 ajustado com ácido acético glacial) e acetonitrilo na proporção (40:60 v/v) a um caudal de 1,0 ml/min e comprimento de onda do detetor de 254 nm. O tempo de retenção da atorvastatina cálcica e do telmisartan foi de 4,6 e 6,1 minutos, respetivamente. A validação do método proposto foi efectuada quanto à sua especificidade, linearidade, exatidão, precisão, limite de deteção e quantificação para a atorvastatina cálcica e o telmisartan. O método desenvolvido pode ser utilizado para a análise de rotina da qualidade de fármacos titulados em combinação na formulação de comprimidos.

T. **Neelima Rani et al***, Formular cápsulas combinadas de succinato de metoprolol de libertação prolongada e de atorvastatina cálcica. O succinato de metoprolol é o agente bloqueador cardio-seletivo dos adrenoreceptores utilizado no tratamento da hipertensão. A atorvastatina é um agente sintético de redução dos lípidos e é um inibidor da 3-hidroxi-3-metilglutaril-coenzima A (HMG-COA) redutase. Para fazer corresponder o padrão de libertação da Atorvastatina cálcica aos perfis de libertação teóricos, foram efectuados ensaios com diferentes formulações. Entre todas as seis formulações, o perfil de libertação do ensaio F-6 foi considerado semelhante aos perfis de libertação teóricos. As cápsulas foram avaliadas quanto à uniformidade de peso, comprimento de fecho, doseamento, teor de água e estudos de dissolução.

Mrunalini C Damle et al*, Foi desenvolvido um método simples, rápido, exato e preciso para a determinação simultânea de Atorvastatina Cálcica (ATR), Ramipril (RAM) e Aspirina (ASP) a partir de uma formulação farmacêutica por cromatografia líquida de alta resolução (HPLC). A separação foi efectuada em coluna C-18 utilizando metanol e tampão acetato [pH ajustado a 3,1 com ácido ortofosfórico (diluído)] na proporção (70:30v/v). Os tempos de retenção da Atorvastatina cálcica (ATR) - 8,38 ± 0,10 min, Ramipril (RAM) - 5,62 ± 0,02 min, Aspirina (ASP) - 3,04 ± 0,15 min. O método desenvolvido foi validado de acordo com as diretrizes ICH.

6. DETALHES DO INOVADOR

Investigação experimental

a. **Detalhes do produto Innovator**
b. **Parâmetros físicos do produto inovador**
c. **Perfil de dissolução do produto inovador**

LIPITOR 80mg

DESCRIÇÃO: Flim revestido, branco, oval elíptico, gravado, PD 158 de um lado e 80 do outro.

PESO MÉDIO DO COMPRIMIDO: 1255,0 mg

DIMENSÕES: 19,3x10,4mm, ESPESSURA:7,59mm,DUREZA:26,4 kp.

PH da solução - 1 comprimido em 100 ml de água purificada: 9,78

FABRICADO POR: PFIZER IRLANDA PHARMACEUTICALS.

DISTRIBUÍDO POR: PFIZER (Parke and Davis).

DATA DE VIGÊNCIA: Dez 2011

PACAKAGE: NDC 0071-0158-23, frasco de PEAD com 90 comprimidos, frasco de formato quadrado com tampa resistente a crianças.

RÓTULO: Cada comprimido contém 80 mg de atorvastatina.

INGREDIENTES INACTIVOS:

Cera de candelilha (FCC), Crascamelose sódica (NF), HPC (NF), Lactose mono-hidratada (NF), Estearato de magnésio (NF), Celulose microcristalina (NF), Opadry White YS-1_7040 Quipromelose, Polietilenoglicol, Talco, Dióxido de titânio, Ploisorbato 80 (NF), Emulsão de simeticona.

Perfil de dissolução do produto inovador

O estudo de dissolução *in vitro* foi efectuado no aparelho de teste de dissolução da USP, tipo II (pá), tendo sido colocado um comprimido em cada um dos seis frascos de dissolução contendo 900 ml de meio de dissolução (tampão fosfato Ph 6,8) a 75 rpm, previamente mantido a 37±0,5°C. A amostragem é feita aos 10,20,30,45 min e é passada através de um filtro de membrana de 0,45pm. As absorvâncias da amostra foram medidas utilizando o espetrofotómetro UV a 246 nm. De acordo com o I.P., os filtrados são determinados por cromatografia líquida. O procedimento interno para a libertação do fármaco é determinado por HPLC com um detetor de UV.

Os resultados são os seguintes:

S.N0.	TIME(MINS)	CUMULATIVE DRUG RELEASE
1	0	0
2	5	48.2
3	20	57.11
4	35	71.82
5	50	76.67
6	65	80.28

7. TRABALHO EXPERIMENTAL

ESTUDOS DE PRÉ-FORMULAÇÃO

1. **Aquisição de equipamentos e produtos químicos**
   a. **Lista de equipamentos**
   b. **Lista de produtos químicos**

2. **Estudos de pré-formulação**

   a. **Estudos de compatibilidade fármaco-excipiente**

AQUISIÇÃO DE EQUIPAMENTOS E PRODUTOS QUÍMICOS

a. Lista de equipamentos

Equipments	Manufacturer
Electronic balance	Mettler- Toledo, USA
Bulk density apparatus	Electolab, mumbai
Rapid Mixer Granulator (RMG)	Anchor Mark Pvt. Ltd.,
Rotary Tablet Punching machine	Rimek, Mumbai
Friability test apparatus	Electolab, Mumbai
Tablet dissolution apparatus	Electolab, Mumbai
Disintegration apparatus	Electolab, Mumbai
Helium lamp(LOD)	Mettler- Toledo
Thickness (vernier callipers)	Mitutogo vernier callipers
Environmental chambers	Thermolab
Hot air oven	Eltek motor, Mumbai
High performance liquid chromatography	Waters, Hyderabad
Sieves	Jayanth test sieves, Mumbai
Hardness tester	Dr. Schleuniger pharmatron, USA
Fluidized bed dryer	Anchor mark Pvt. Ltd.,

Lista de produtos químicos

Ingredients	Manufacturer	Supplier
Atorvastatin Calcium	Natco Pharma Ltd., Hyderabad	Natco Pharma Ltd., Hyderabad
Lutrol F127	Signet Chemicals Corporation Limited, Mumbai.	Signet Chemicals Corporation Limited, Mumbai
Calcium Carbonate	FMC Biopolymer,USA	Signet Chemicals

		Corporation Limited, Mumbai
MCC PH 101	FMC Biopolymer,USA	Signet chemical corporation, Mumbai
BHT	Merck limited, Mumbai	Vasco Scientifics Pvt. Ltd., Secundrabad
Meglumine	ISP Technologies Inc, USA	Signet chemical corporation, Mumbai
MCC PH 102	FMC Biopolymer,USA	Signet chemical corporation, Mumbai
Opadry White	Colorcon Asia PVT,LTD.	Colorcon Asia PVT,LTD.
Magnesium stearate	Ferro Industries Quimica, Portugal	Signet chemical corporation, Mumbai
SSG	JRS Pharma, Germany	KMV Enterprises, Hyderabad
Ploysorbate 80	Merck limited, Mumbai	Vasco scientifics Pvt. Ltd., Secundrabad
Talc	Luzenac valchisone, Italy	Signet chemical corporation, Mumbai
HPC-EF grade	DMV International GmbH, Netherlands	KMV Enterprises, Hyderabad
Croscarmellose sodium	FMC Biopolymer,USA	Signet chemical corporation, Mumbai
Lactose Monohydrate	DMV International GmbH, Netherlands	KMV Enterprises, Hyderabad

ESTUDOS DE COMPATIBILIDADE PRÉ-FORMULAÇÃO

Estudos de compatibilidade fármaco-excipiente

A conceção adequada e a formulação de uma forma de dosagem requerem a consideração das caraterísticas físicas, químicas e biológicas do fármaco e dos excipientes utilizados no fabrico do produto. O fármaco e os excipientes devem ser compatíveis entre si para produzir um produto que seja estável, eficaz, atrativo, fácil de administrar e seguro.

Os estudos de compatibilidade fornecem o enquadramento para a combinação de fármacos com excipientes no fabrico da forma de dosagem. O estudo foi realizado para estabelecer que o fármaco terapeuticamente ativo não sofreu quaisquer alterações, depois de ter sido sujeito a etapas de processamento durante a formulação de comprimidos.

Os estudos de compatibilidade foram efectuados misturando proporções definidas de fármaco e excipiente e mantidos em frascos de cor âmbar, que são armazenados a 55°C (2 semanas) e 40±2°C/75±5 % HR (4 semanas).

Parâmetros de pré-compressão

Ângulo de repouso

O ângulo interno entre a superfície da pilha de mistura e a superfície horizontal é conhecido como ângulo de repouso.

Método

A mistura foi passada através de um funil fixado num suporte de bureta a uma altura de 4 cm. Colocou-se um papel quadriculado por baixo do funil sobre a mesa. Mediu-se a altura e o raio da pilha. O ângulo de repouso da mistura foi calculado utilizando a fórmula:

$$\text{Ângulo de repouso } (0) = \tan^{-1} (h/r)$$

Onde,

h = Altura da estaca

r = Raio da estaca

Densidade aparente

A densidade aparente é utilizada como uma medida para descrever materiais de embalagem ou grânulos.

Método

A densidade aparente é a relação entre uma determinada massa de pó e o seu volume aparente. Foi determinada transferindo, com a ajuda de um funil, uma quantidade de amostra de pó pesada com exatidão (25 gms) para a proveta graduada. Anotou-se o volume inicial. Calculou-se a relação entre o peso da amostra e o volume que ocupava.

Densidade aparente= W/ V_0 g/ml

Onde,

W = Massa da mistura

V_0 = Volume não explorado

Densidade de rosca

Método

Foi medido transferindo uma quantidade conhecida (25 gms) de mistura para um cilindro graduado e colocado no aparelho de densidade com torneira. Anotou-se o volume inicial. O aparelho foi regulado para 500, 750 e 1250 batidas. A densidade na torneira foi determinada como a razão entre a massa da mistura e o volume na torneira.

Densidade na torneira=W/ Vf g/ml

Onde,

W= Massa da mistura

V_f = volume explorado

Índice de compressibilidade

É a propensão de um pó para ser comprimido.

Método

É medida por um aparelho de densidade aparente para 500, 750 e 1250 torneiras, não devendo a diferença ser superior a 2 %. Com base na densidade aparente aparente e na densidade aparente, a percentagem de compressibilidade da mistura foi determinada utilizando a seguinte fórmula

$$\text{Índice de compressibilidade} = [(V_0 - V_f) / V_0] \times 100$$

(ou)

% de compressibilidade = [(massa volúmica na tomada de força - massa volúmica a granel) / massa volúmica na tomada de força] X 100 **Rácio de Hausner**

Indica as propriedades de fluxo do pó. O rácio entre a densidade de vazamento e a densidade aparente do pó é designado por rácio de Hausner.

Rácio de Hausner= Densidade de vazamento / Densidade a granel

Tabela 1: Propriedades do fluxo e correspondentes ângulos de repouso, índice de compressibilidade e rácio de Hausner

S.No	Flow properties	Angle of repose(θ)	Compressibility Index (%)	Hausner ratio
1	Excellent	25-30	<10	1.00-1.11
2	Good	31-35	11-15	1.12-1.18
3	Fair	36-40	16-20	1.19-1.25
4	Passable	41-45	21-25	1.26-1.34

5	Poor	46-55	26-31	1.35-1.45
6	Very poor	56-65	32-37	1.46-1.59
7	Very very poor	> 66	>38	>1.6

Perda por secagem

O teste de perda por secagem é concebido para medir a quantidade de água e de matérias voláteis numa amostra quando esta é seca em condições específicas. A perda por secagem da mistura (1g) foi determinada utilizando um aparelho eletrónico LOD (lâmpada de hélio) a 105 °C.

Aspeto físico

As pastilhas foram inspeccionadas quanto à sua lisura, ausência de fissuras, lascas e outras caraterísticas indesejáveis. Se forem coloridas, foi examinada a presença de manchas e outras evidências de distribuição não uniforme da cor, exceto se forem usadas intencionalmente.

Ensaio de variação de peso

Foram selecionados aleatoriamente 20 comprimidos de cada formulação e o seu peso médio foi calculado utilizando uma balança digital. O peso individual de cada comprimido foi também calculado utilizando a mesma balança e comparado com o peso médio.

Tabela 2: Requisitos de variação de peso

Average weight of tablet (mg)	**% Difference**
130 or less	10 %
From 130 to 324	7.5 %
> 324	5 %

Dureza

O teste de dureza é efectuado para medir a resistência do comprimido. O comprimido deve ser suficientemente duro para suportar a embalagem e o transporte. Para determinar a dureza dos comprimidos, foi utilizado o aparelho de teste de dureza Schluenzier. A dureza de 10 comprimidos foi registada e a dureza média foi calculada. É expressa em kp ou kg/cm^2.

Espessura

A espessura foi determinada para 20 comprimidos pré-pesados de cada lote utilizando uma balança digital de vernier e a espessura média foi determinada em mm. A espessura do comprimido está principalmente relacionada com a dureza do comprimido e pode ser utilizada como um parâmetro de controlo inicial.

Percentagem Friabilidade

O teste de friabilidade dá uma indicação da capacidade dos comprimidos para resistir à fragmentação e à abrasão no manuseamento durante a embalagem e o transporte. Normalmente, para comprimidos convencionais, é desejável um valor de friabilidade de 1,0% ou menos. Se o peso do comprimido for > 650 mg, foram retirados 10 comprimidos e o peso inicial foi registado. Os comprimidos foram rodados no friabilizador da Roche durante 100 rotações a 25 rpm. Os comprimidos foram retirados do pó e novamente pesados.

Os comprimidos que perderam menos de 1% do peso foram considerados conformes.

A percentagem de friabilidade é expressa como a perda de peso e é calculada pela fórmula:

$$\% \text{ Friabilidade} = (A\text{-}B/B) \times 100$$

Onde,

A = Peso inicial dos comprimidos

B = Peso final dos comprimidos após 100 rotações

Tempo de desintegração

O tempo de desintegração é o tempo necessário para que um comprimido se desfaça em grânulos de tamanho especificado (ou mais pequeno), em condições de ensaio cuidadosamente especificadas. O ensaio de desintegração é efectuado num aparelho que contém um conjunto de cestos com seis tubos de vidro de 7,75 cm de comprimento e 2,15 mm de diâmetro, cujo fundo é constituído por um peneiro de 10 malhas. O cesto é levantado e baixado 28-32 vezes por minuto no meio de 900 ml que é mantido a 37±2°C. Foram colocados seis comprimidos em cada um dos tubos e o tempo necessário para a passagem completa dos fragmentos do comprimido através do peneiro (n.º 10) foi considerado como o tempo de desintegração do comprimido.

Este teste é efectuado para garantir a desintegração dos comprimidos em água, caso se destinem a ser utilizados como comprimidos dispersíveis. Os comprimidos dispersíveis devem desintegrar-se em 3 minutos quando examinados pelo teste de desintegração para comprimidos de acordo com a conformidade na farmacopeia.

Estudo de dissolução (Por método de cromatografia líquida)

O ensaio de dissolução mede a taxa de libertação do fármaco da forma de dosagem in vitro, sendo normalmente expresso como a extensão da dissolução (% de fármaco) que ocorre após um determinado período de tempo em condições específicas. Para uma absorção efectiva da forma de dosagem sólida oral, a simples desintegração da forma de dosagem não é adequada e a dissolução do fármaco no meio circundante desempenha um papel vital. Embora a dissolução não seja um indicador da eficácia terapêutica, pode ser considerada uma ferramenta que pode fornecer informações valiosas sobre a disponibilidade biológica do fármaco e a consistência entre lotes. A dissolução é considerada um dos testes de controlo de qualidade mais importantes realizados para a forma de dosagem farmacêutica.

Instrumento

Aparelho de dissolução tipo ll USP e HPLC com detetor de UV.

Condições de dissolução

Meio: tampão fosfato pH 6,8(0,05m)

Volume : 900 ml

Temperatura: 37°C ± 0,5°C

Aparelho : USP Tipo-II (pá)

Rpm : 75

Intervalos de tempo: 5, 10, 15, 30 e 45 minutos

Procedimento

O estudo de dissolução *in vitro* foi efectuado no aparelho de teste de dissolução da USP, tipo II (pá). Um comprimido foi colocado em cada um dos seis frascos de dissolução contendo 900 ml de meio de dissolução, previamente mantidos a 37°C ± 0,5°C.

Após a conclusão de cada intervalo de tempo especificado, uma porção da solução foi retirada da zona a meio caminho entre a superfície do meio de dissolução e o topo da lâmina rotativa, a não menos de 1 cm da parede do recipiente e filtrada através de um filtro de membrana de 0,45 gm. As amostras foram recolhidas a intervalos de tempo especificados e filtradas, diluídas até ao volume necessário com o meio de dissolução e determinadas por cromatografia líquida.

Aparelhos

- Balança analítica
- Balões volumétricos
- Pipetas
- Medidor de pH
- Unidade de filtragem
- Filtros de membrana de 0,45 gm

Produtos químicos e reagentes

- Di-hidrogenofosfato de amónio - grau AR
- Hidróxido de sódio - grau AR

- Água purificada - grau Milli-Q
- Acetonitrilo - grau HPLC
- Tetrahidrofurano - grau HPLC
- Metanol - grau HPLC
- Atorvastatina Cálcio norma de trabalho
- (3S,5R)- Isómero
- Atorvastatina Diprotectada

Condições cromatográficas

Coluna: Zorbax SB-C8, (250x4,6mm) 5µm

Caudal: 1,5 ml/min

Volume de injeção : 10 µl

Temperatura do forno da coluna: 25°C

Absorvância : 246nm

Duração : 30 mins

Preparações:

Solução de teste: Utilizar o filtrado e diluí-lo com o meio de dissolução.

Solução de referência: Dissolver uma amostra de referência de Atorvastatina cálcica, pesada com exatidão, em metanol e diluir a quantidade com o meio de dissolução para obter uma solução com uma concentração aproximadamente igual à da solução de ensaio.

Fase móvel: Mistura da fase móvel A e da fase móvel B.

Procedimento: Injetar a solução de referência. O ensaio só é válido se a eficiência da coluna não for inferior a zero placas teóricas, se o fator de cauda não for inferior a 1,5 e se o desvio-padrão relativo da injeção em duplicado não for superior a 2,0%.

Calcular o teor de C66H68F2N4O10

% do teor do medicamento

TAxSWx900xPx100

SAxlOOxlxlOOxLA

Ensaio (Por método HPLC)

Instrumento: Cromatografia líquida de alta eficiência equipada com UV

Detetor e sistema de tratamento de dados

Aparelhos

- Balança analítica
- Balões volumétricos
- Pipetas
- Medidor de pH
- Unidade de filtragem
- Filtros de membrana de 0,45 µm

Produtos químicos e reagentes

- Di-hidrogenofosfato de amónio - grau AR

- Hidróxido de sódio - grau AR
- Água purificada - grau Milli-Q
- Acetonitrilo - grau HPLC
- Tetrahidrofurano - grau HPLC
- Metanol - grau HPLC
- Atorvastatina Cálcio norma de trabalho
- (3S,5R)- Isómero
- Atorvastatina Diprotectada

Condições cromatográficas

Coluna : Zorbax SB-C8, (250*4,6mm) 5pm

Caudal: 1,5 ml/min

Volume de injeção : 10 pl

Temperatura do forno da coluna: 25°C

Duração: 30 minutos

Tabela de programação de gradientes:

Time(mins)	**Flow(mL/min)**	**Mobile phase preparation-A(%v/v)**	**Mobile phase preparation-B(%v/v)**
0	1.5	58	42
15	1.5	58	42
20	1.5	20	80
22	1.5	20	80
25	1.5	58	42
30	1.5	58	42

Preparações:

Preparação diluída de hidróxido de sódio:

Dissolver 4g de hidróxido de sódio em 100ml de água purificada.

Preparação do tampão (pH 5,1):

Pesar com precisão e transferir cerca de 4g de di-hidrogenofosfato de amónio em 1000ml de água purificada. Ajustar o pH da solução a 5,1+/-0,05 com hidróxido de sódio diluído. Filtrar a solução através de um filtro de membrana de 0,45µ.

Nota: Para minimizar as perturbações da linha de base, o tetra-hidrofurano e o acetonitrilo utilizados na fase móvel B devem provir dos mesmos frascos. Recomenda-se que o tetra-hidrofurano seja utilizado num frasco acabado de abrir em cada preparação da fase móvel.

Preparação da fase móvel A:

Utilizar uma preparação de tampão de pH 5,1.

Preparação da fase móvel B:

Preparar uma mistura filtrada e desgaseificada de acetonitrilo e tetrahidrofurano na proporção de 300:100v/v, respetivamente.

Preparação do diluente:

Preparar uma mistura desgaseificada de água purificada e metanol na proporção de 60:40v/v.

Preparação da solução de adequação do sistema:

Pesar com exatidão e transferir cerca de 2 mg de atorvastatina cálcica (enriquecida com o isómero 3S,5R do US Pharmacopeial Forum (Atorvastatin related compounds B of US Pharmacopeial Forum) para um balão volumétrico de 5 ml, limpo e seco, adicionar 1 ml de metanol e aplicar sonicação para dissolver, diluir até ao volume com o diluente e filtrar a solução através de um filtro de membrana de 0,45.

Preparação standard

Pesar com exatidão e transferir cerca de 43,4 mg de padrão de trabalho de Atorvastatina cálcica para um balão volumétrico de 100 ml, limpo e seco, adicionar cerca de 20 ml de metanol e dissolver por sonicação.

Transferir 2 ml da solução acima referida para um balão volumétrico de 20 ml e diluir até ao volume com o diluente.

Preparação da amostra (para 80 mg de Atorvastatina cálcica):

20 comprimidos foram pesados com exatidão e finalmente pulverizados. Transferir uma porção de pó pesada com precisão, equivalente a cerca de 100 mg de Atorvastatina, para um balão volumétrico de 200 ml, adicionar 30 ml de metanol e sonicar durante 10 minutos e, em seguida, adicionar 130 ml de diluente e sonicar durante 30 minutos (manter a temperatura fria durante a sonicação) e diluir até ao volume com e misturar.

Transferir 2 ml da solução acima para um balão volumétrico de 25 ml e diluir até ao volume com o diluente.

Adequação do sistema:

Cromatografar a preparação padrão (seis injecções em duplicado), medir as respostas da área do pico da substância a analisar e avaliar os parâmetros de adequação do sistema conforme indicado.

Critérios de aceitação:

- A %RSD para injecções repetidas da resposta da área do pico da Atorvastatina cálcica da preparação padrão não deve ser superior a 2,0.
- O fator de cauda para o pico de cálcio da atorvastatina não deve ser superior a 2,0.
- A placa teórica para o pico de cálcio da Atorvastatina não deve ser inferior a 2000.

Procedimento

Foram injectados separadamente no cromatógrafo volumes iguais (10 pl) do diluente como branco, da preparação padrão e das preparações de amostras, da solução de adequação do sistema, e registados os cromatogramas e medidas as respostas da área dos picos principais. Por fim, calcula-se o teor percentual de Atorvastatina na porção dos comprimidos de Atorvastatina cálcica tomada pela fórmula.

Teor em % de Atorvastatina cálcica (80 mg):

$$\frac{TAxWSx2x200x25xPx1115.42xAvg.Wt}{SAx100x20xTWx2x100x1209.42x80} * 100$$

Onde,

TA = Área do pico de resposta devido à Atorvastatina cálcica da amostra

preparação.

SA = Pico da área de resposta devido à Atorvastatina cálcica do padrão

preparação.

WS = Peso do padrão de trabalho da Atorvastatina cálcica tomado em mg.

TW = Peso da amostra colhida em mg.

P =Pureza do padrão de trabalho da Atorvastatina cálcica.

Avg. wt = Peso médio do comprimido tomado em mg.

Teor de água (pelo método KF)

Instrumento: Titulador Karl Fischer

Transferir 35 ml de uma mistura de metanol para o recipiente de titulação e titular com o reagente de Karl Fischer até ao ponto final eletrométrico, para consumir a humidade eventualmente presente (não ter em conta o volume consumido, pois não entra no cálculo).

Utilizou-se o pó de 5 comprimidos, triturado até à obtenção de um pó fino, numa atmosfera de temperatura e humidade relativa que se sabe não influenciar os resultados. Pesou-se com precisão 300-500 mg do pó, que se transferiu para o recipiente de titulação, misturou-se e titulou-se com o reagente de Karl Fischer até ao ponto final eletrométrico. Por fim, calcula-se o teor de água do provete em mg.

Estudos de estabilidade:

O objetivo dos ensaios de estabilidade é comprovar a qualidade da substância ou do medicamento e a forma como esta varia ao longo do tempo sob a influência de uma variedade de condições ambientais (calor, humidade, luz, ar, etc.).

A formulação final foi acondicionada em embalagens adequadas, como blisters e tiras, e depois será mantida a diferentes temperaturas e condições de humidade e as amostras serão analisadas quanto às suas propriedades físicas e químicas.

A formulação é submetida a

- Ensaios de longa duração a 25±2°C e 60±5 % HR durante 12 meses
- Ensaio acelerado a 40±2°C e 75±5 % HR durante 6 meses

Caracterização do ingrediente farmacêutico ativo (API)

Caracterização de ingredientes farmacêuticos activos

Tests	**Results**
Description	White-off white crystalline powder
Solubility	Freely soluble in Methanol, slightly soluble in pH 7.4 phosphate buffer,Distilled water & acetonitrile. practically insoluble in pH 4 & below.
Molecular weight	1155.4
Empirical formula	$C_{66}H_{68}CaF_2N_4O_{10}$
Angle of repose (ɵ)	32.27
Bulk density (gm/ml)	0.439
Tap density (gm/ml)	0.761
Compressibility Index (%)	42.105
Hausner ratio	1.727
Loss on drying	0.15 % w/w
Assay (HPLC)	65.8 % w/w

CONCEPÇÃO EXPERIMENTAL

DESENVOLVIMENTO DA FORMULAÇÃO DA ATORVASTATINA CÁLCICA

COMPRIMIDOS

- Seleção de ingredientes
- Seleção do método
- Micronização
- Seleção de agentes alcalinizantes
- Adição de Antioxidante

Estudar o pH da suspensão de Atorvastatina cálcica

- Calcular o pH da água desmineralizada à temperatura ambiente.
- Calcular o pH de 264mg de carbonato de cálcio em 100ml de água e 480mg de carbonato de cálcio em 100ml de água à temperatura ambiente.
- Calcular o pH de 264 mg de $caco_3$ e 86,8 mg de API em 100 ml de água à temperatura ambiente.
- Calcular o pH de 480 mg de $caco_3$ e 86,8 mg de API em 100 ml de água à temperatura ambiente.

FRD/001

Formulação de comprimidos de Atorvastatina cálcica pelo método de compressão direta utilizando carbonato de cálcio como agente alcalinizante

Ingredients	Mg/Tablet(80mg)
Atorvastatin calcium	86.8
Lactose monohydrate	256.0
Avicel pH102	307.2
$Caco_3$	480.0
Crascarmellose sodium	60.0
HPC EF grade	25.0
Mg stearate	6.0
TOTAL	**1220mg**

Cálculo da quantidade de medicamento: 86,8 mg é equivalente a 80 mg de Atorvastatina

Atorvastatina- 80mg, peso molecular-1115

Peso molecular da Atorvastatina cálcica - 1209

Mg= 1209/1115x80=86,8mg

Procedimento:

- Atorvastatina cálcica, Lactose mono-hidratada, Avicel, Caco3, Croscarmelose sódica, HPC EF foram pesados e passados através de uma malha de 40#.
- A atorvastatina cálcica e o caco3 foram misturados geometricamente e os restantes excipientes foram misturados e misturados.
- A mistura acima foi lubrificada com estearato de Mg, a mistura lubrificada foi comprimida em comprimidos.

FRD/002, FRD/003, FRD/004

Formular por granulação húmida, melhorando a dissolução por micronização do fármaco e utilizando Croscarmelose sódica em diferentes concentrações e adição de polissorbato 80

Ingredients	**Mg/tablet**	**Mg/tab**	**Mg/tab**
Formula number	**F-002**	**F-003**	**F-004**
Atorvastatin calcium	86.8	86.8	86.8
CaCo3	480.0	480.0	480.0
Lactose monohydrate	256.0	256.0	256.0
Avicel pH101	310.1	303.1	293.1
Croscarmellose sodium	65.0	75.0	85.0
HPC-EF	10.0	10.0	10.0
Polysorbate 80	6.10	6.10	6.10
Purified water	Q.S	Q.S	Q.S
Mg stearate	6.00	3.00	3.00
TOTAL	**1220**	**1220**	**1220**

Análise granulométrica: (Distribuição do tamanho das partículas)

Foram pesados com precisão 25 g de API e a análise por peneiração foi calculada num agitador de peneiras eletrónico durante 10 minutos, dispondo as seguintes peneiras# 50,70,100,140,200

FRD/003&FRD/004: A atorvastatina cálcica foi passada através de uma malha de 200# para melhorar a dissolução (micronização).

Procedimento:

- Dissolver o polissorbato 80 e o HPF em água.

- Atorvastatina cálcica peneirada, Caco3, Lactose mono-hidratada, Avicel, Croscarmelose Na foram passados através de uma malha de 30# e misturados.

  - Granular a mistura acima com a solução de polímero acima e passar por uma malha de 10#.
  - Os grânulos foram secos e peneirados numa malha de 20#.
  - Os grânulos peneirados foram lubrificados com croscarmelose Na e estearato de Mg, que foram previamente passados através de uma malha de 40#.
  - Os grânulos lubrificados foram comprimidos em comprimidos

Estudar a estabilidade do IFA com hidroxitouleno butilado:

Pesa-se com exatidão 20gms de API. 20 g de BHT foram dissolvidos em 15 ml de álcool isopropílico.

Granular o API com a solução de BHT da etapa 2 e passar por uma malha de 20# e secar ao ar.

A proporção 2:1 de BHT e API foi também passada através de 20# e seca ao ar.

Embalar os grânulos em recipientes de 2HDPE com cerca de 10gm cada e selar. Conservar os frascos a 25^0 c &60% de humidade relativa. Embalar 10 mg de Atorvastatina cálcica em recipiente PEAD e conservar a 40^0 c&75% de humidade relativa.

FRD/005

Formular pelo método de compressão direta e adição de BHT para evitar a degradação do API e melhorar a dissolução do medicamento

Ingredient	**Mg/tablet**
Atorvastatin calcium	86.8
BHT	40.0
Caco3	191.0
Avicel pH102	138.0
Lactose monohydrate	242.2
Croscarmellose Na	80.0
HPC	20.0
Mg stearate	6.00
TOTAL	**800**

Procedimento:

- Pesar a quantidade necessária de Atorvastatina cálcica e BHT.
- BHT dissolvido numa pequena quantidade de API, misturar a Atorvastatina cálcica com a solução de BHT e secar ao ar.
- A Atorvastatina cálcica seca ao ar foi passada através de uma malha de 200#.
- A lactose mono-hidratada foi passada através de uma malha de 40#, misturada geometricamente com atorvastatina cálcica.
- Caco3, Avicel, Croscarmellose Na e HPC foram passados através de uma malha de 40# e misturados com a mistura acima.
- O estearato de Mg foi passado através de uma malha de 40# e lubrificou a mistura acima.
- A mistura acima é comprimida.

Estudar o pH da suspensão de Atorvastatina cálcica

- Calcular o pH da água desmineralizada à temperatura ambiente.
- Calcular o pH da mistura preparada e 10gm de meglumina em 100ml de água.

- Para calcular o pH da mistura preparada e 15 g de meglumina em 100 ml de água.

FRD/006

Formular pelo método de compressão direta com Meglumine como agente alcalinizante e polaxamer.

Ingredients	**Mg/tablet**
Atorvastatin calcium	86.8
Lactose monohydrate	248.0
BHT	40
Avicel pH102	338.2
SSG	50.0
HPC-EF	15.0
Polaxomer 407	4.00
Meglumine	12.0
Mg stearate	6.00
TOTAL	**800**

Procedimento:

- Pesar a quantidade necessária de Atorvastatina cálcica e BHT.
- BHT dissolvido numa pequena quantidade de API, misturar a Atorvastatina cálcica com a solução de BHT e secar ao ar.
- A Atorvastatina cálcica seca ao ar foi passada através de uma malha de 200#

- Atorvastatina cálcica, Lactose mono-hidratada, Avicel, SSG, HPC, Polaxomer, Meglumine foram peneirados através de uma malha de 40# e misturados.
- O estearato de Mg foi passado através de uma malha de 40# e misturado.
- A mistura acima referida foi lubrificada com estearato de Mg e misturada.
- A mistura lubrificada foi comprimida em comprimidos.

FRD/007

Formular por granulação húmida utilizando Meglumine como agente alcalinizante e utilizando HPC em concentrações mais elevadas.

Ingredients	**Mg/tablet**
Atorvastatin calcium	86.8
Lactose monohydrate	248.0
BHT	40
Avicel pH101	303.2
SSG	50.0
HPC-EF	20.0
Polaxomer 407	4.00
Meglumine	12.0
Purified water	Q.S
Avicel pH102	30.0
Mg stearate	6.00
TOTAL	**800**

Procedimento:

- Pesar a quantidade necessária de Atorvastatina cálcica e BHT.
- BHT dissolvido numa pequena quantidade de API, misturar a Atorvastatina cálcica com

a solução de BHT e secar ao ar.

- A Atorvastatina cálcica seca ao ar foi passada através de uma malha de 200#.

- Avicel pH101 e SSG foram peneirados através de uma malha de 40# e todos os materiais foram misturados.

- O API e a lactose mono-hidratada foram misturados geometricamente.

- A mistura acima referida foi adicionada à mistura API e passada através de uma malha de 40#.

- A mistura foi observada para o LOD.

- O HPC, o Polaxomer407 e o Meglumine foram dissolvidos em água purificada.

- A mistura foi granulada com a solução de aglutinação acima referida para preparar grânulos e observada para LOD e passada através de uma malha de 12#.

- Os grânulos foram secos na estufa e peneirados numa malha de 18#.

- Os grânulos foram lubrificados com Avicel pH102 e estearato de Mg e passados através de uma malha de 40#.

- Os grânulos foram comprimidos em comprimidos.

FRD/008

Formular por método de granulação húmida utilizando polaxómero a uma concentração mais elevada.

Ingredients	**Mg/tablet**
Atorvastatin calcium	86.8
Lactose monohydrate	236.0
BHT	40
Avicel pH101	347.2
SSG	50.0
HPC-EF	12.0
Polaxomer 407	10.0
Meglumine	15.0
Purified water	Q.S
Mg stearate	3.00
TOTAL	**800**

Procedimento:

- Pesar a quantidade necessária de Atorvastatina cálcica e BHT.
- BHT dissolvido numa pequena quantidade de API, misturar a Atorvastatina cálcica com a solução de BHT e secar ao ar.
- A Atorvastatina cálcica seca ao ar foi passada através de uma malha de 200#
- O API e a lactose mono-hidratada foram misturados geometricamente.

- À mistura acima referida foram adicionados Mcc 101 e SSG, a mistura foi passada através de uma malha de 32#.
- Polaxómero, HPC, Meglumine foram dissolvidos em água purificada e granulados.
- Os grânulos foram então passados através de uma malha de 10 mm.
- Em seguida, a mistura granulada foi seca na estufa e passada através de uma malha de 12#.
- O estearato de Mg foi adicionado aos grânulos secos passados através de uma malha de 40#.
- Os grânulos preparados foram comprimidos em comprimidos.

8. RESULTADOS E DISCUSSÃO

RESULTADOS

Estudos de pré-formulação:

Estudos de compatibilidade fármaco-excipiente:

S.No	Ingredients	Ratio	Description		
			Initial	55°C (2 weeks)	40± 2°C /75± 5 % RH(4Weeks)
1	API	1	Off white	No change	No change
2	Lactose momohydrate	1	Off white	No change	No change
3	Calcium carbonate	1	white	No change	No change
4	Polaxmer 407	1	white	No change	No change
5	MCC PH 101	1	Off white	No change	No change
8	Opadry White	1	white	No change	No change
9	Magnesium stearate	1	white	No change	No change
10	HPC-EF	1	white	No change	No change
11	SSG	1	white	No change	No change
12	Polsorbate 80	1	Pale yellow liq	No change	No change
13	MCC PH 102	1	Off white	No change	No change
14	Croscarmellose Sodium	1	white	No change	No change
15	Meglumine	1	White/slight yellow	No change	No change
16	BHT	1	white	No change	No change
18	API+ Polaxmer407	5:1	Off white	No change	No change

19	API+Calcium carbonate	5:1	Off white	No change	No change
20	API+MCC PH 101	5:1	Off white	No change	No change
21	API+Croscarmellose sodium	5:1	Off white	No change	No change
22	API+BHT	5:1	white	No change	No change
24	API+Magnesium stearate	5:1	Off white	No change	No change
25	API+HPC-EF	5:1	Off white	No change	No change
26	API+SSG	5:1	Off white	No change	No change
27	API+Polysorbate 80	5:1	Pale yellow	No change	No change
28	API+MCC PH 102	5:1	Off white	No change	No change
29	API+Lactose monohydrate	5:1	Off white	No change	No change
30	API+Opadry white	5:1	Off white	No change	No change

Estudar o pH da suspensão de Atorvastatina cálcica:

S.no	Ingredients	pH
1	Demineralized water	5.69
2	264mg $caco_3$+100ml water	8.65
3	480mg $caco_3$+100ml water	8.79
4	264mg $caco_3$+86.8mgAPI in 100ml water	8.83
5	480mg $caco_3$+86.8mgAPI in 100ml water	8.91
6	Blend of F-009+10mg meglumine in 100ml water	9.42
7	Blend of F-009+20mg meglumine in 100ml water	9.35

Análise granulométrica:

S.no	Sieve number	Sieve size	Wt retained	% wt retained	Avg particle size
1	50	300	0	0	≥300
2	70	212	4.2	16.8	250
3	100	150	3.9	15.6	125
4	140	106	4.3	17.2	128.5
5	200	75	4.3	17.2	91
6	Pan	0	8.3	33.2	≤74

Estudar a estabilidade da atorvastatina cálcica com BHT

O ensaio foi efectuado com duas amostras de API com BHT em proporções de 1:1 e 1:2 e os resultados foram os seguintes

Sample	Result
20gm API with 20gm BHT	71.45
40gm API with 20gm BHT	76.23

Assim, concluiu-se que o BHT utilizado na proporção de 2:1 mostrou uma melhor estabilidade do API.

Estudos de pré-compressão:

Formula	**Angle of repose**	**Compressibility Index (%)**	**Hausner ratio**	**Bulk density(g/ml)**	**Tapped density(g/ml)**	**LOD (%)**
F-001	35.65	25.52	1.536	0.551	0.853	1.24
F-002	26.56	20.75	1.261	0.420	0.530	1.43
F-003	28.42	24.50	1.527	0.486	0.742	1.31
F-004	30.12	16.15	1.354	0.461	0.625	1.96
F-005	26.43	27.80	1.608	0.426	0.656	1.60
F-006	27.87	18.91	1.469	0.531	0.781	1.53
F-007	25.15	19.85	1.290	0.584	0.757	1.07
F-008	25.87	24.34	1.760	0.547	0.723	1.23

Estudos pós-compressão:

Formula	Avg.weight (mg)	Thickness (mm)	Hardness (kp)	Friability (%)
F-001	1231.7	6.25	23.6	0.34
F-002	1223.8	6.53	22.9	0.29
F-003	1221.6	7.27	18.6	0.23
F-004	1222.5	7.01	19.4	0.27
F-005	817.8	6.76	21.7	0.09
F-006	809.9	5.34	16.8	0.12
F-007	805.6	7.14	24.5	0.07
F-008	802.0	6.84	20.9	0.09

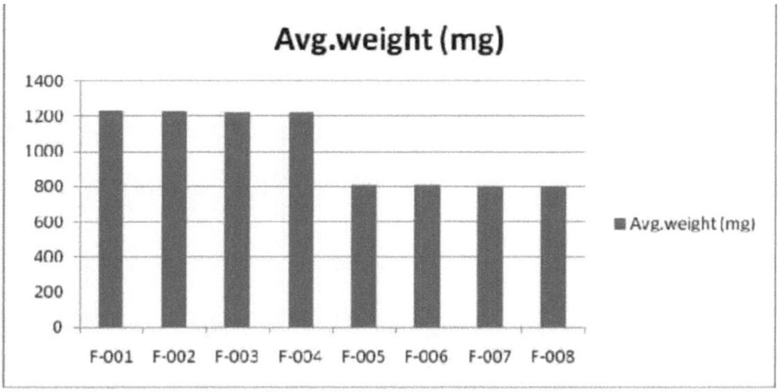

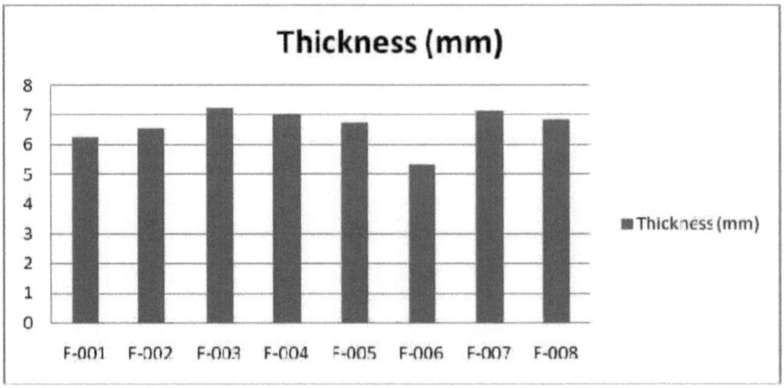
Thickness (mm)
8
7
6
5
4
3
2
1
0
F-001 F-002 F-003 F-004 F-005 F-006 F-007 F-008
Thickness (mm)

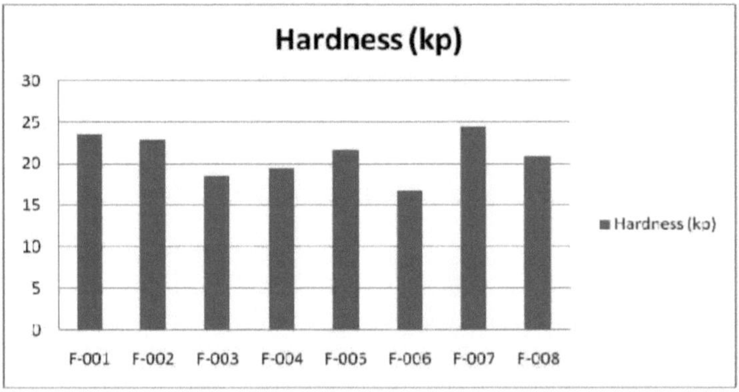
Hardness (kp)
30
25
20
15
10
5
0
F-001 F-002 F-003 F-004 F-005 F-006 F-007 F-008
Hardness (kp)

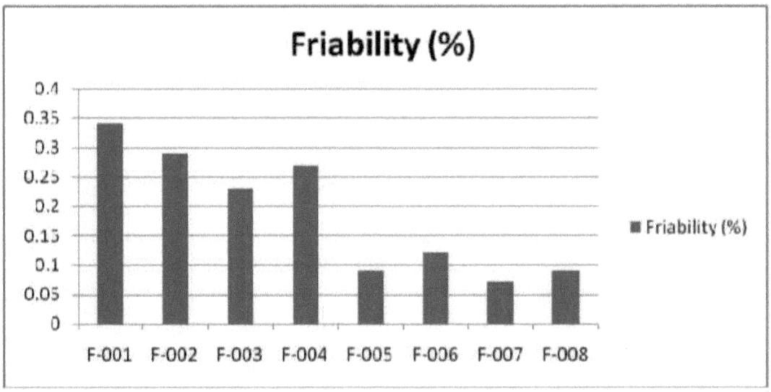
Friability (%)
0.4
0.35
0.3
0.25
0.2
0.15
0.1
0.05
0
F-001 F-002 F-003 F-004 F-005 F-006 F-007 F-008
Friability (%)

Tempo de desintegração, teor de água e valores do ensaio para as formulações F-001 a F-011

Formula	Disintegration time (mins)	Water content (w/w)	Assay (%)
F-001	1.65	2.5	31.8
F-002	1.57	3.1	37.4
F-003	1.55	2.2	33.0
F-004	1.37	3.7	32.5
F-005	1.09	4.2	71.7
F-006	1.15	3.6	69.2
F-007	0.95	2.9	74.2
F-008	1.18	3.4	71.8

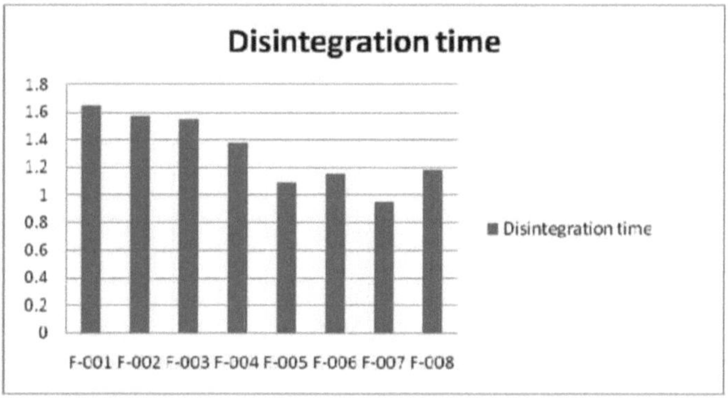

Sampling Time (minutes)	Cumulative drug release							
	F-001	F-002	F-003	F-004	F-005	F-006	F-007	F-008
0	0	0	0	0	0	0	0	0
5	20.7	20.9	21.2	21.0	39.4	40.9	44.5	41.3
20	23.6	22.7	23.1	32.1	44.1	47.8	52.2	50.4
35	26.9	27.1	26.6	32.4	57.6	61.4	69.9	57.0
50	31.1	29.8	27.2	35.4	66.3	69.7	73.9	65.5
65	32.3	32.4	30.2	36.7	73.4	74.3	76.4	71.6

Perfis de dissolução de diferentes formulações (F-001 a F-011)

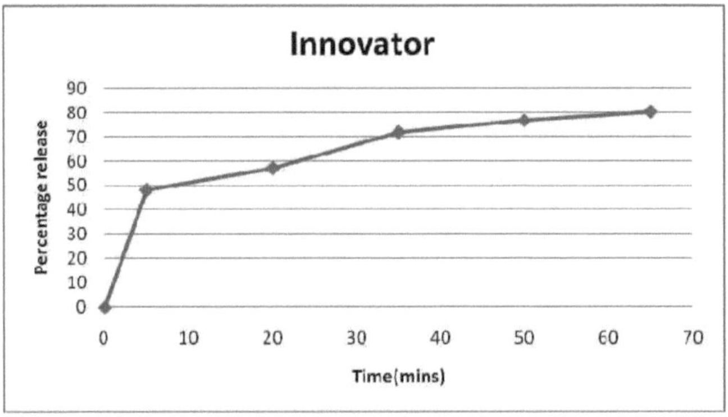

Perfil de libertação do medicamento inovador

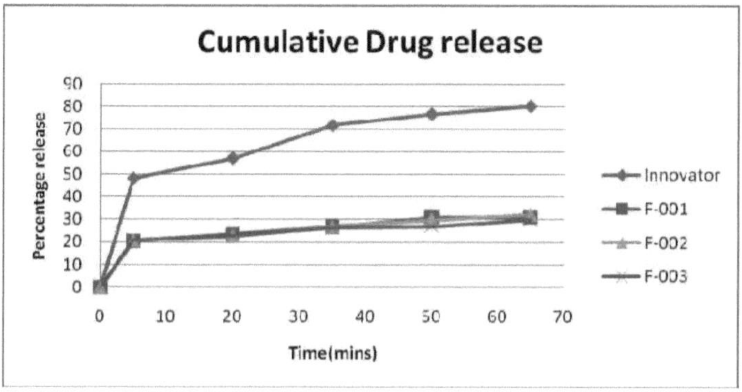

Perfil comparativo de libertação de fármacos de rastos

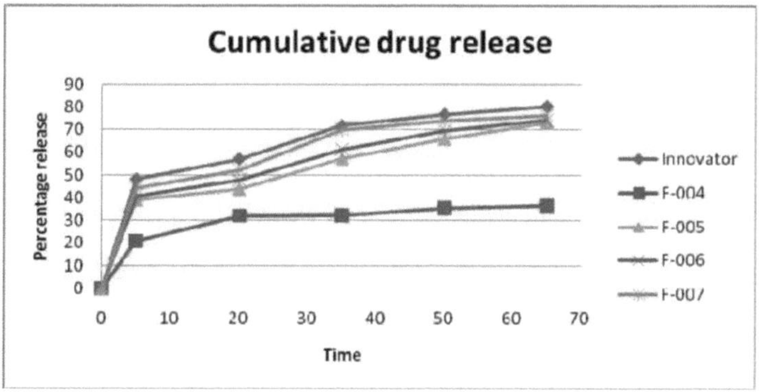

Perfil comparativo de libertação de fármacos de rastos

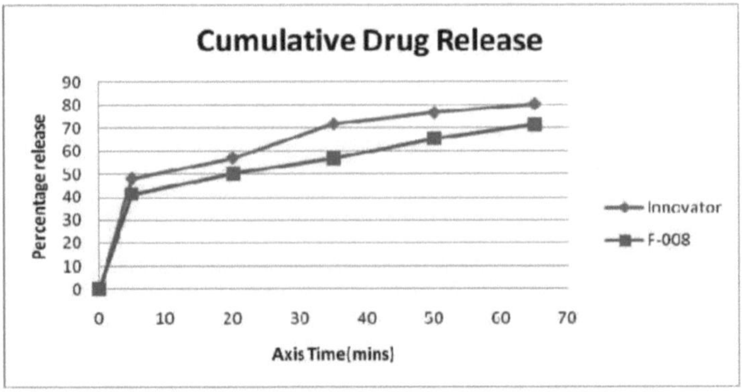

Perfil comparativo de libertação de fármacos de rastos

DISCUSSÃO

A presente investigação foi realizada para formular comprimidos de Atorvastatina cálcica como agente hipolipemiante.

A formulação F-1 foi preparada pelo método de compressão direta utilizando $caco_3$ como agente alcalinizante, lactose mono-hidratada, avicel pH102, estearato de mg e o desintegrante é HPC-EF com uma combinação de crascarmelose de sódio. As propriedades de pré-compressão foram consideradas fracas. O tempo de desintegração foi de 1,95 minutos e o perfil de dissolução aos 60 minutos foi de 67,1% e não está em conformidade com o inovador, uma vez que a libertação deve ser superior a mais de 70% aos 30 minutos.

As formulações 2,3,4 foram feitas usando o método de granulação húmida. A distribuição do tamanho das partículas foi determinada usando a análise de peneira e o API foi micronizado passando através da peneira # 200 e verificou-se que a dissolução aumentou. Na formulação 2,3,4, o agente desintegrante utilizado foi o HPC-EF e o polissorbato 80. O HPC foi utilizado em concentrações crescentes e as propriedades de pré-formulação foram observadas como boas para a formulação 4 e o perfil de dissolução da formulação foi considerado fraco. Aqui, o tempo de desintegração foi considerado bom, mas a percentagem de libertação do fármaco não está em conformidade com o produto inovador. Todas as caraterísticas físico-químicas do produto acabado foram consideradas satisfatórias.

A fórmula 5 foi preparada por compressão direta, na qual o antioxidante BHT foi adicionado à formulação para proteger contra a degradação, tendo-se verificado que a dissolução e a estabilidade melhoraram, mas não estavam em conformidade com o inovador.

A fórmula 6 foi preparada por compressão direta, na qual a meglumina foi adicionada como agente alcalinizante para favorecer o pH alcalino do fármaco, reduzindo assim a sua decomposição. Verificou-se que o perfil de libertação do fármaco melhorou e que o tempo de desintegração também melhorou. As propriedades de pré-formulação e a taxa de libertação não estavam em conformidade com o inovador.

A fórmula 7 foi preparada por granulação húmida e o fármaco foi micronizado para melhorar o perfil de dissolução. Os desintegrantes HPC e Polaxomer foram adicionados a uma concentração elevada. Foram adicionados lactose mono-hidratada, SSG, Avicel pH 101 e avicel 102. Verificou-se que as propriedades de pré-compressão melhoraram o tempo de desintegração, que foi de 0,95 minutos, e a libertação do fármaco aos 35 minutos, que foi superior a 65%, o que foi ótimo em comparação com o produto inovador. As propriedades estão em conformidade com o produto inovador. Em seguida, os comprimidos formulados foram carregados para estudos de estabilidade de acordo com as diretrizes da ICH .

9. RESUMO E CONCLUSÃO

O tema escolhido para o presente estudo é ***"Desenvolvimento e avaliação da formulação de comprimidos de Atorvastatina cálcica"***.

A tese está dividida em 9 capítulos.

É apresentada ***uma introdução*** que fornece pormenores sobre a sobrecarga crónica de ferro, o seu modo e a escolha de medicamentos para o tratamento da sobrecarga crónica de ferro. Este capítulo também dá uma visão geral sobre os comprimidos dispersíveis e os seus métodos de desenvolvimento.

São apresentados ***o objetivo e a finalidade***, que fornecem informações sobre o presente estudo.

É apresentada uma ***revisão da literatura*** que fornece uma descrição pormenorizada dos trabalhos de investigação relacionados com o presente estudo.

É apresentado ***o perfil do medicamento***, no qual são fornecidos pormenores sobre o mecanismo de ação, a farmacodinâmica, a farmacocinética, a dosagem e a administração, as precauções e os efeitos secundários do medicamento selecionado.

É apresentado ***o perfil do excipiente***, que fornece pormenores sobre os diferentes excipientes utilizados no desenvolvimento da formulação.

O capítulo ***Materiais e métodos*** apresenta informações sobre a lista de produtos químicos e equipamentos utilizados no estudo. Este capítulo também fornece informações sobre os métodos envolvidos no desenvolvimento da formulação.

É apresentada ***uma investigação experimental*** que fornece informações sobre diferentes fórmulas desenvolvidas na formulação de comprimidos dispersíveis e a avaliação comparativa da formulação desenvolvida com a do produto inovador.

São apresentados os ***resultados e a discussão***, que tratam da informação completa relativa à análise física e química do presente estudo, com tabelas, gráficos e figuras adequados.

10. ÂMBITO DE ESTUDOS FUTUROS

> Podem ser efectuados estudos de estabilidade a longo prazo para garantir a sua qualidade.

> Podem ser efectuados estudos de validação adicionais para o processo.

> Podem ser efectuados estudos clínicos para os lotes aprovados.

REFERÊNCIAS

1. Hui ho-wah, "Design and fabrication of oral controlled release drug delivery systems" capítulo 9 em "Controlled drug delivery; fundamentals and applications", editado por Robinson J.R., Vincent Lee, 2ª edição, Marcel Dekker Inc., Volume 29, 1978: 391-420pp.

2. Physician's Desk Reference®, 56 edição 2002, publicada pela Medical Economics Company, Inc em Montvale, página no-2639.

3. Y. C. Wu, L. Z. Benet. Predicting drug disposition via application of BCS: transport/absorption/elimination interplay and development of a Biopharmaceutics drug disposition classification system. Pharm. Res., 2005, 22:11-23.

4. Programa Nacional de Educação sobre o Colesterol (NCEP): Highlights of the Report of the Expert Panel on Blood Cholesterol Levels in Children and Adolescents, *Pediatrics*. 89(3):495-501. 1992.

5. Kellick KA, et al. *Hosp Formulary* 1997;32:352-363.

6. Bradford RH, et al. *Arch Int Med* 1991;151:43-49. [4] Schechtman G, et al. *Ann Intern Med* 1996;125:990-1000.

7. Informação de prescrição. Lipitor® (atorvastatina cálcica), Parke-Davis Division of Warner-Lambert Co, Morris Plains NJ 07950. janeiro de 1997. [10] Abramowicz M, ed. Atorvastatin - a new lipid-lowering drug. *Carta Médica* 1997;39:29-31.

8. Naoumova RP, et al. *Atherosclerosis* 1996;119:203-213

9. Lea AP, McTavish D. Atorvastatin: a review of its pharmacology and therapeutic potential in the management of hyperlipidaemias.

10. http://www.accessdata.fda.gov/scripts/cder/dissolution/.

11. Lachmann L, Libberman HA, Kaing JL. A teoria e a prática da farmácia industrial. 3.ª ed. Mumbai: Varghese publishing house; (1990) 296-302.

12. British Pharmacopoeia (CD ROM) 2007, Publicado pelo Stationary office, Londres, Vol. I & II.

13. LY Galichet, "Microcrystalline cellulose" in "Handbook of Pharmaceutical Excipients" publicado pela American Pharmacists Association e pela Royal Pharmaceutical Society of Great Britain 2006, 132-135pp.

14. RJ Harwood, "hydroxypropyl cellulose" em "Handbook of Pharmaceutical Excipients" publicado pela American Pharmacists Association e pela Royal Pharmaceutical Society of Great Britain 2006, 336-340pp.

15. NA Armstrong, "Calcium Carbonate" in "Handbook of Pharmaceutical Excipients" publicado pela American Pharmacists Association e pela Royal Pharmaceutical Society of Great Britain 2006, 89-92pp.

16. S Edge, A Kibbe, "lactose" em "Handbook of Pharmaceutical Excipients" publicado pela American Pharmacists Association e pela Royal Pharmaceutical Society of Great Britain 2006, 389-395pp.

17. RT Guest, "croscarmellose sodium" em "Handbook of Pharmaceutical Excipients" publicado pela American Pharmacists Association e pela Royal Pharmaceutical Society of Great Britain 2006, 211-213pp.

18. Patell MK, "Hydrxypropyl methylcellulose" em "Handbook of Pharmaceutical Excipients" publicado pela American Pharmacist Association e pela Royal Pharmaceutical Society of Great Britain 2006,346-349pp.

19. Li. V.H., "Influence of drug properties and routes of drug administration on the design of sustained and controlled release systems" capítulo 1 em "Controlled drug delivery: fundamentals and applications" editado por Robinson J.R., Vincent Lee, 2ª edição, Marcel Dekker Inc., Volume 29, 1978: 5-36pp.

2 0.Indian Pharmacopoeia, 4ª edição, Ministério da Saúde e do Bem-Estar Familiar, Governo da Índia. O controlador de publicações, Nova Deli.1996, A-54.

21. L. Raimar, K. Jae Seung, and L. A. Gordon; Pharmacokinetics of an immediate release, a controlled release and a two pulse dosage form in dogs; Eur. J. Pharm. Biopharm; 2000, 60,1723.

22. Grupo do Estudo Escandinavo de Sobrevivência à Simvastatina. Ensaio aleatório de redução do colesterol em 4 444 doentes com doença coronária: o Scandinavian Simvastatin Survival Study (4S). *Lancet* 1994; 334: 1383-1389.

2 3 . Tall AR. Lipoproteína de alta densidade no plasma. Metabolismo e relação com a aterogénese. *J Clin Invest* 1990; 86: 379-384.

2 4 . Shek A, Ferrill MJ. Terapia combinada estatina-fibrato. *Ann Pharmacother* 2001; 35: 908-917.

25. Whitfield LR, Stern RH, Sedman AJ, Abel R, Gibson DM. Effect of food on the pharmacodynamics and pharmacokinetics of atorvastatin, an inhibitor of HMG-CoA reductase. *Eur J Drug Metab Pharmacokinet* 2000; 25(2): 97-101.

26. Course JR, Kastelein J, Isaacsohn J, et al. A large, 36 week study of the HDL-C raising effects and safety of Simvastatin versus atorvastatin. *Atherosclerosis* 2000; 151: 8-9.

27. Jones P, Kafonek S, Laurora I, Hunninghake D. Estudo comparativo da eficácia da dose de atorvastatina versus sinvastatina, pravastatina, lovastatina e fluvastatina em doentes com

hipercolesterolemia (estudo CURVES). *Am J Cardiol* 1998; 81: 582-587.

28. Stern RH, Yang BB, Hounslow NJ, et al.,Farmacocinética e farmacodinâmica da atorvastatina, um inibidor da HMG-CoA redutase. *J Clin Pharmacol* 2000; 40:616-623.

29. Lipitor® (atorvastatina cálcica): Informações sobre a prescrição; http://www.pfizer.com/files/ products/uspi_lipitor.pdf

30. Chuch.H., Zia.H e Rhodes.C. Desenvolvimento de um sistema de administração oral de medicamentos utilizando microesferas flutuantes, Drug Dev.Ind.Pharm, 1995, 21; 1725

31. Aulton M, Pharmaceutics: The Science of Dosage Form Design, International Student Edition. Pg. no. 304-321, 347-668.

32. http://www.pharmpedia.com/Tablet:Manufacturing_methods/Granulation

33. James Swabrick, Encyclopedia of Pharmaceutical technology. Vol 6. Pg. no. 3553-3567.

34. http://www.carterpharmaceuticalconsulting.com/articles/The-role-of disintergrants.html

35. Herbert A. Lieberman, Leon Lachman, Joseph B. Schwartz, Pharmaceutical Dosage Forms: Comprimidos. Vol 1. Pág. no. 133-136

36. Alfonso R Gennaro, Remington: A Ciência e a Prática da Farmácia, 20ª ed. Vol 1. Pg. no. 889-894.

37.S. M. Kim, S. J. Jin, J. S. Kim. Preparação, caraterização e avaliação *in vivo* de nanopartículas amorfas de atorvastatina cálcica utilizando o processo supercrítico anti-solvente (SAS).

Eur. J. Pharm. Biopharm, 2008, 69: 454-465.

38. Shen, H., Zhong, M. Preparação e avaliação de sistemas de administração de medicamentos

auto-microemulsionantes (SMEDDS) contendo atorvastatina. J. Pharm. Pharmacol., 2006, 58, 1183-1191.

39. Kim J.S., Kim M.S., Park H.J., Shun Ji-Jin, Sibeum L., Hwang S J. Propriedades físico-químicas e biodisponibilidade oral da atrovastatina hemicálcica amorfa utilizando a secagem por pulverização e o processo SAS. Int. J. Pharm., 2008, 359, 211-219.

MIX
Papier aus verantwortungsvollen Quellen
Paper from responsible sources
FSC® C105338

Printed by Books on Demand GmbH, Norderstedt / Germany